在時光的阡陌裡，誰也無法留下些什麼，
只有那香氣，是一縷線索，將我們帶回記憶裡的某處。

香氛時光

專業調香師的
天然
×
經典配方

適用香水・香膏・手工皂・蠟燭

推薦序

今天，我們不談「療癒」

原文嘉
原流學堂 負責人

身為芳療師，最常被問到的問題（不論是陌生人、初次見面或老朋友），就是「針對某某問題，用什麼精油有效？」

每當我和個案進行諮詢時，大部分的個案都會出現一個動作：拿起一瓶精油（或是我給他），打開，聞一聞（此時出現各類表情、肢體和語言的反應），然後就問「這個有什麼功效？」。在課堂上教學時，學生總是好奇哪種精油能做什麼事、這個配方有什麼療效。特別是一講到情緒心靈層面的「療癒」特性，包準所有瞌睡蟲通通跑光，振筆疾書記下每個細節，彷彿那些都是真理。

其實，這些是許多人接觸芳療的態度與初衷，沒有對或錯。只是這令我不禁開始思考，究竟芳療人常掛在嘴邊的「療癒」是什麼？

關於這一點，或許我一時之間沒辦法找到絕對的真理，但是多年以來，當我面對那些渴望尋求用油解答的人們時，實在很想淡定地問：「你有時間嗎？坐下來聞聞香氣吧！」有幾次真的這麼問了，對方總是一臉疑惑與不解地看著我，或許覺得我的邀請很突然，不知該如何回應。而我有時候也不忍折磨對方的焦急，還是直接給了建議。

可是給了建議之後，身為芳療師的我發現並沒有那種「剛才幫了某個人解決問題」的喜悅浮上心頭，反而感到有些失落。幾經思索，才發現原來我們都急於向外尋求解套的方法。我們對於「問題」的處理方法，幾乎都是把從學校教育系統裡所學到的直接套用，於是「問題」就一定要找「解答」，身心「失衡」就要找「療癒」方法。芳香治療的解決之道似乎與精油配方劃上等號，而「療癒」這一詞，似乎已經成為市場上廣泛宣揚的顯學，甚至有點被濫用消費了。

如此「結果論」的尋求療癒過程，不僅累人，有時候方向還完全不對，挺令人沮喪的。如果說「療癒」一詞涵蓋到身、心、靈三方面的整體性，芳療師對於精油的認識也當符合同樣的邏輯，不光是著重在精油的療效、化學結構及配方組合，而是要更深地進入每一種精油的個性裡面，最終回歸到氣味的本質。當然，還有拾回你真正的─嗅聞氣味的能力。

我們的嗅覺是所有感官裡開發程度最低、最不受重視的一項，特別在這個知識爆炸的時代，聲音、影像和美食的訊息強烈放送，以壓倒性的勝利蓋過我們對氣味的敏銳度。還有環境中的人工化學成分，幾乎無孔不入地存在於每個人家中的洗劑、保養品、香水，甚至食品裡。當我們把自己的嗅覺交付在這樣的環境裡，久而久之，我們便失去了辨識大馬士革玫瑰與摩洛哥玫瑰之間差異的嗅覺天分，也越來越不懂得欣賞真正玫瑰精油裡那一抹「臭灰搭」的特別。（不過這對某些追求「療癒」的人來說可能並不是那麼重要，只要有配方讓他們去使用就滿足了。）

香氣的世界之所以有趣，就在於在那裡幾乎是沒有絕對答案的。每一種氣味都有它的性格與色彩，值得我們花夠久的時間去細細解讀其中的層次。有時候在學堂工作告一段落之時，如果不趕著回家，我會閉上眼睛，感覺自己的心在當下嚮往怎樣的氣息，然後拿出一只空瓶，開始玩起調香來。我沒有設定任何「療癒目標」，甚至沒有運用任何「技巧」或是「法則」，就是單純地與這些香氣相處，讓我的鼻子帶領我的意識和想像，走一趟奇幻的芬芳之旅。而這短暫的十來分鐘，我可能已經去過了摩洛哥的古城，看見夕陽將古城牆與天際染成一片炙熱的火紅，聽見清真寺鐘塔上清亮繚繞的吟唱聲，走過市集間各式香料與雜貨的鋪子，最後坐在圍滿苦橙樹的園子裡啜著沁涼入喉的薄荷茶……光是這樣，對於一個身兼數職的創業婦女和三個小孩的媽來說，算是某種療癒的獲得了吧！

有些時候，我真的想在芳療師的課堂上談到單方精油檔案時，請所有學生都把講義和筆記全部收起來，然後告訴大家：「各位同學，今天我們談精油，但是我們不談療效，只談香氣。」我相信那堂課對許多學生來說不太容易，但是每一支精油的香氣輪廓與特色絕對會深深烙印在他們心裡。所以對於芳療，我相信不論再怎麼資深的經歷、再怎麼精準的處方，一切最終都必須回到香氣、嗅覺，和自己。

所以，當你翻開 Aroma 的這本書時，請記得，今天我們不談「療癒」，只是單純地回到自己，面對上帝為你我量身打造的身體和與生俱來的本能。先別急著向外尋找答案，花點時間從生活中，你我存在的每個角落裡，去看、去聽、去觸摸、去品嚐、去嗅聞，因為生命中的美好，就在那些我們經常忽略的細節裡。然後，你的本能便會被開啓，感覺到那些精微的存在。而療癒，或許就在那個當下發生。

推薦序

追尋記憶之味

王惠寧
跨國調香公司（知名品牌）
日化香精經理

還記得高中課堂上，陽光從窗子裡灑下來，那同桌的你肩上的夏日芳香？或者春天雨後，濕漉漉的泥土上，草和樹葉混合的清香？又或者，轉角處迎面而來，那陌生人長髮裡暗藏的一縷幽香？還是那久別不見的朋友，茶室裡一杯烏龍的栗子香氣？

那最深摯，最溫暖，最動人的記憶，常常是來自我們最不常注意到的嗅覺。隱隱在內心深處，我們將生命裡體驗過的氣味安好收藏，偶爾再次邂逅，能記起的或許不是氣味本身的曼妙身影，卻是收藏起來的情感和心情。

正是如此，調香才是令人心動的神秘領域，是安息香點燃你寧靜的禱祝，還是小蒼蘭釋放你與自然的融合；是古龍水讓你回憶夏日水上假期，或者梔子香氣引你回去那怦然心動之夜？對香氣的追尋，有一種靜水深流的禪意。那慎重的混合，以及之前細心的考量，以及再之前對各種原料的一一探尋，各有美妙。

對氣味懷抱敬仰之心，自然對調香心嚮往之。在法國的香水小鎮格拉斯，市中心的博物館種著柑橘樹，街邊的小店噴灑香水到路上。八月的茉莉花節，白色花朵遍布。喜歡香水的人，是應該去看一看的。然而那對味道的追尋，是一種自己的美妙，並不需要華麗的包裝和喧鬧，一個人就可以建立一個香氣的王國。

Aroma 的書，是通向這氣味王國的小路。她將一個調香之路先行者的經驗，毫無保留的交付到你面前。

那是調香師最珍貴的財富：不僅僅是對原料的瞭解和描述，更是對各種原料相互作用的分析和試驗。很多時候看上去簡單的幾句話，卻是經過了無數人的經驗累積。這樣的文字，初看到的時候是驚訝的，畢竟調香一直披著神秘的外紗。如此慷慨的分享絕對是令人難以想像的。

在現代商業化的香氣世界，有時候調香師需要科學精確的計算原料比例，尋找符合大眾的香精，原料模組的加減乘除，不再單純是自己的喜好與靈感。這樣也許可以調配出符合各個品牌的香味，也許某日會成為時尚潮流的尖端，但是那與你自己的記憶與情感，又有多少關聯？

那一千朵保加利亞玫瑰的精魂，你如今可以自己將他們放入瓶中。向左睡蓮是他的清爽，向右茉莉是她的嫵媚，你可盡自己的雙手細細勾勒。

最複雜也最簡單的，人的心和記憶，也許只有自己能追尋。

如若能將這記憶通過香氣和別人分享，那你也便是最好的調香師了。

推薦序

香味之於…

飛 (Faye)
F.I.R. 飛兒樂團

你們覺得今天的天空是什麼味道？

香味之於音樂
香味之於記憶
香味之於想像

在閱讀間
在自我探索之間
在一本 香味之書裡

前　言

調香師：調製幸福感的香氛

很多人問我，調香師的工作在做什麼啊？

以前我會說是「日用妝品調香」，當我解釋完洗髮精、沐浴乳、浴廁芬芳等等調香之後，這職業的夢幻光暈差不多也就消失殆盡了，而「香水調香」又過於狹隘，不足說明。如果我回答「療癒人心」，那大概會被以為是芳香療法師。

最後，我選擇告訴他們跟調香師賣棉花糖的小販差不多，當然這答案也讓許多人吃驚不已，伴隨許多疑惑。我們都曾有過真心喜愛這甜膩食物的歲月，那是出自最初的天性。街邊小販飛快轉動的棉花糖機，蔗糖粗粒轉瞬融化，散出焦糖的氣味，絲絲層層包裹著甜蜜，一球球五顏六色、蓬蓬的、飄散著幸福感的暖香。

還記得第一次咬下一口棉花糖，失望之情油然而生。那蓬鬆的巨大期待只化為些微的糖霜，一嚥口水，彷彿剛剛絲絲雲朵般的棉花糖只是美夢一場。這樣的甜蜜雖然很短暫，但我們在長大的過程中，卻依然願意努力去尋找生命中的棉花糖。

稜角鮮明的我們，就是那一顆顆的砂糖，等待著一件事或是一個人的觸動，讓我們願意改變自身的形狀，在這融化的過程中，也許是痛得淌下炙熱的淚水，但更多的是讓我們開心到飛上天，輕飄飄的幸福。歲月的阡陌中，儘管我們努力的拿著、保護著，手裡的棉花糖，它終究是會萎縮變形，流下黏膩的糖汁。

在憧憬與失落循環中，身處現實生活的我們，並沒有以晶片保存記憶的方式，也無法將甜蜜浪漫的夢想放在保鮮盒裡，所以調香師的工作並不努力研發保存棉花糖的方式，我們製造棉花糖的氣味，讓味道帶你追尋幸福與美好。打開一罐罐的原料，氣味在空氣中隨風飄動，吹過回憶的長廊，吹動晾著衣服的竹竿，陽光的氣味、情人的襯衫，一點一滴的計量，只待你將那琥珀般的液體開啟，重現往日的幸福回憶。

目　錄

Chapter 02 練香

Chapter 03 斂香

Chapter 01

戀香

「回憶這東西若是有氣味的話，那就是樟腦的香，
甜而穩妥，像記得分明的快樂，甜而悵惘，像忘卻了憂愁。」

——張愛玲《更衣記》

當我讀到了這段話，百般惆悵的情緒湧上，替張愛玲徒生許多遺憾，但我並非嘆息鰣魚多刺，或海棠無香，而是──張愛玲應該要當調香師啊！

「嘎……吱……」地緩緩打開木櫃，一股氣味襲來，許多人對於樟腦的氣味記憶來自「合成萘丸」，它的氣味雖然比起天然來源還要刺鼻許多，但兩者都是驅逐害蟲的良藥，只是這味道卻不甚討人喜歡，甚至還有人為此一狀告上法院，控訴鄰居噴灑樟腦油造成自己身體不適，而這「空汙」也讓這位仁兄被判十天拘役。《更衣記》裡的這段名言，倒是替樟腦平反了不少。

張愛玲筆下的人物個個特色鮮明，字裡行間對於衣著與舉止的相關描述，就足以立體化角色的內心個性。遊走於五彩斑斕世界的張愛玲，最大的樂趣就是在那衣櫥裡，據載，她的衣著品味十分前衛，大紅配大綠是其次，她能隨手抓條桌巾往身上披裹，就出門到出版社校稿去了。我想，她在木櫃裡獲得的滿足，也與她對樟腦的喜好相關吧！

愛香的她，唯獨對那白玉蘭有著嫌惡的情結。

「花園裡養著呱呱追人啄人的大白鵝，唯一的樹木是高大的白玉蘭，
開著極大的花，像汙穢的白手帕，又像廢紙，拋在那裏，
被遺忘了，大白花一年開到頭。從來沒有那樣邋遢喪氣的花。」

——張愛玲〈私語〉

熟悉她童年的人說，這是因為她曾被父親罰禁閉，幽暗的房間裡，窗外張牙舞爪的樹就是往後她筆下的破爛花「白玉蘭」（正確名稱應該叫洋玉蘭）。想想，以前調皮的時候，的確也被父母親罰過，打罵都還好，最怕的就是罰禁閉，密室裡，什麼鬼怪都能憑空想像出來。不過，要說「禁閉」是陰影未免太嚴重，畢竟幼時的張愛玲與父親之間是亦師亦友的關係，這也是她成年後的甘甜回憶。

闔上書本，她筆下的邋遢花朵與樟腦香氣，不僅成了名言，也點出了調香配方的秘密。咀嚼文字的同時，洋玉蘭糜爛的甜香似乎近在鼻尖，在調香裡，加什麼才會讓花兒盡吐芬芳，使人迷醉呢？答案就是在那時光深處裡，點點星光般的細碎香氣——樟腦。這如鹽般熠熠生輝的白色晶體，它的香氣走過民初灰樸樸的色調，在今日的調香師手中，開出了一朵爛漫的花兒。

一點點的劑量，即成張愛玲筆下的「甜而穩妥，像記得分明的快樂，甜而悵惘，像忘卻了憂愁。」若說到張愛玲的人生三恨（一恨海棠無香，二恨鰣魚多刺，三恨紅樓夢未完），第三還未解，我想不是紅樓夢未完，而是她沒當調香師啊！ *1

*1：關於樟腦的氣味，一般人都是形容成氣味清涼、刺鼻帶有濃厚藥味，很少人能夠將它往甜味聯想，更別提在沒能參考「頂空分析」的年代，寫出這樣的香氣敘述。樟腦在調香的配方中，1% 以下即能加強白色花香的甜味。

古代生活中的香氣

以香傳情

瑩瑩燭火，她獨坐桌邊，藉著跳動的燭光縫製手中的香囊，五彩繡線隨銀針穿梭，一對怡然自得的戲水鴛鴦逐漸成形。她將綿綿情意一針一線伴著香料寄託在這囊中。

等不及十字軍東征將煉金術與香水傳入歐洲，數百年後在格拉斯開枝散葉形成香水工業。西元 736 年，時逢唐朝開元盛世，那時的女子不必假調香師之手，自行配置香料，丁香、藿香、甘松、芸香等等，縫製成香囊贈與心上人，香絲傳情勝過詩詞的萬語千言。

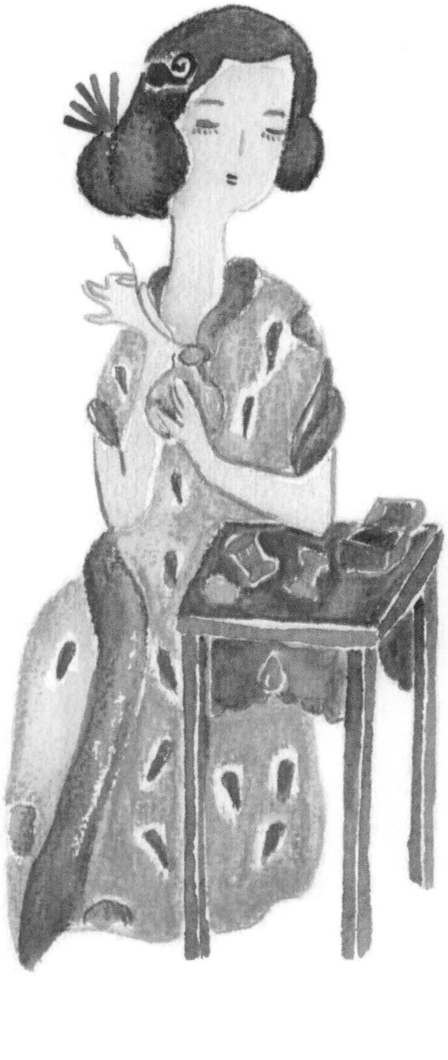

她喚他三郎，而他從未想過，年過半百的他竟能在愛情中重新活過，他欣賞她的才情、她的美貌。如此情投意合的愛情，若是發生在尋常人家，那便是神仙眷屬了。只是，這樣的恩愛，換作是帝王家，只得落個「春宵苦短日高起，從此君王不早朝」。

雖是他半輩子打拼來的開元盛世，當安史之亂爆發，天下生靈塗炭，這段愛情也由不得唐玄宗作主了。想那日，兵荒馬亂，匆忙中她只來得及帶走那香囊，日夜揣在懷裡，還來不及親手送給她的三郎，美人便已香消玉殞。馬嵬坡將士叛亂，數丈白綾，他的玉環命喪於此。

安史之亂平息後，他退位而下成了太上皇，亟欲尋回玉環的遺體予以厚葬。傾城佳人也好，開得再艷的花朵也罷，最終也不過是一培黃土，馬嵬坡荒草叢生，哪還能尋得楊貴妃的蹤跡，最終僅尋得一只香囊。這曾令六宮粉黛無顏色的絕世佳人，竟是在死後才將自己的情意交與唐玄宗。香囊上的結，揪緊了唐玄宗的心，淚水盈滿雙眼，模糊中那熟悉的香氣彷彿將他拉回燈火通明的大明宮，在那他作霓裳羽衣曲，佳人婆娑起舞，「緩歌慢舞凝絲竹，盡日君王看不足」。

今人對於楊貴妃香囊的材質頗多說法，有人說並不是親自繡製的絲織品，而是象牙或金屬材質。考據僅是形式，最重要的是，千年前，古人的浪漫在此處展露無遺。比起來，西晉的韓壽幸運多了，不過一只佳人所贈的西域香囊，便讓那心思細密的賈充知悉女兒的心事，順水推舟，成就一段佳緣。

古人自製香囊表情意，一針一線、絲絲香氣中所蘊含的心意，比起現代的品牌香水，更為情真意切。

食衣住行、美容用香

走過中國千年文化，「香」從帝王官吏的專屬之物逐漸普及至民間。

拿前陣子熱播的宮廷劇來說吧！爭寵用香、害人小產用香、就連迷惑皇上也得用香，這根本成了中國古代版的香水恐怖片。

麝香一時之間成了毒藥，許多中醫師也跳出來澄清，這絕對是「戲劇效果」，中藥所使用的麝香絕對沒有致流產之虞。至於香水產業，麝香鹿由於瀕臨絕種，現在幾乎是使用所謂的合成麝香，其種類大致包含硝基麝香、多環麝香以及大環狀麝香。其中，硝基麝香與多環麝香對於人體的危害性較大，但也因為價格較為便宜，香氛製品大多都可以聞到它的蹤跡。大環狀麝香是這三種當中唯一有接近於天然植物的麝香，像是所謂的黃葵內酯（Ambrettolide）也可來自於天然的黃葵籽（Ambrette seed）中。因應環保問題而衍伸出的環保麝香與接近大環狀的黃葵內酯，價格都較一般麝香貴上許多。

Note.

存在於天然植物中，氣味似麝香的還有歐白芷根與黃葵籽中的大環內酯。

撇開宮廷劇中害人用的香氣，其餘的香，來頭可不小。

《後宮甄嬛傳》中安陵容所用的「帳中香」，可是出自南唐李後主這位才子之手。生在帝王家的悲哀，讓李煜這樣一個懂得生活情趣的藝術家，在亡國淪作他人臣子後，下場是被賜酒而死。要是他晚個一千年生在法國格拉斯，今日香水工業的歷史又將增添一位傳奇人物了。李後主精通用香，他的寢宮有專門的侍香宮女，將他所研製的「帳中香」薰香於寢室之中，不管是用於衣物、棉被，甚至是隨身攜帶的香包，都有專用的香譜配方。「香」在中國古代幾乎是非常普及的生活用品。

而中國在唐宋之間食用花草植物的風氣開始盛行，除了拿來作詩「冷香飛上詩句」，還可以入饌打牙祭。《後宮甄嬛傳》中惠貴人作的藕粉桂花糕，玲瓏剔透的藕粉，夾雜著桂花香，連吃慣山珍海味的一國之君，品嚐後都還久久念念不忘哪！藕粉桂花糕出自《紅樓夢》一書所載，此外《紅樓夢》敘述的美食可不只這一道，像是小梅花香餅，不僅能吃，還能裝在小荷包聞香；碧梗粥，居然留有田野青草的清香；重陽節北京時興吃的白菊鍋，軟脆清涼的花瓣一涮就熟，專門給那些吃不得火鍋的嬌弱小姐們吃的。看到這兒，我想美食家都恨不得生在古代吧！

以花卉植物食補養顏的同時，古代的美女們也時興「內外兼具」，提到外在的美容方子，那可真是多到可以做成系列產品來銷售了。

《紅樓夢》四十四回中，寶玉將瓷盒揭開，拿起其中一根的玉簪花苞，拈了一根，遞給平兒理妝。這花苞中的香粉可大有來頭，是輾成香粉的紫茉莉花種子。根據清初屈大均《廣東新語》卷二十五所載，這種茉莉花瓣可以做胭脂點唇，種子可以輾碎後加入珍珠粉、金箔、銀箔、麝香、龍腦香等多種貴重的原料，作為塗臉用的白粉，或再加入硃砂可以做頰彩、口紅。這樣奢侈的配方可不是每戶人家都用得起，一般人家多用的是和粉香或是十和香粉。一般香粉除了塗臉以外，還能塗抹身體，散發香身之餘，還是古早的止汗劑、爽身粉。

根據記載，楊貴妃非常怕熱，每到夏天，一定得要身邊的宮女不斷搧風，她所流的汗「紅膩而多香」，用手帕擦，常將巾帕染成一片桃紅。如果不是明朝周嘉胄的《香乘》所介紹的利汗紅粉香，我想楊貴妃大概會被現代人誤以為她罹患了怪病，不僅「流血汗」，居然還帶有異香！

當時，流紅汗的不只楊貴妃一人，唐宋時期，用這樣的爽身粉來美容護膚、遮除汗味，已經成為一種生活必須的社交禮儀。

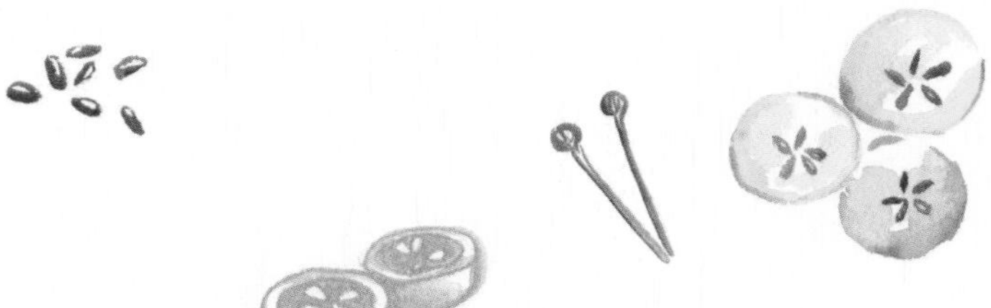

「晚暑冰肌沾汗，新浴香綿撲粉」在許多的詩詞中，都曾寫過美人拿出絲綿粉撲，稍稍鬆開上半身的薄羅裳，而這樣惹人遐思的大半冰肌與撲打香粉的撩人動作，成了當時文人的繆思女神。像是避暑佳人、半解香綃撲粉肌這類的描寫，在唐宋的詩詞中比比皆是。當時，不少的化妝品已經具備現代流行的「BB 霜」概念，化妝的同時還兼具保養功效，根據南宋《事林廣記》所載的玉女桃花粉，除了能夠塗臉上妝之外，還兼有消除疤痕、回春養顏之妙用。

除了吃的香、擦的香，保養用的補鬢油、潤面油、烏髮香油，到化妝用品如胭脂、腮紅，以及眉妝用的香料，當時的夫人小姐們「無一不香」，連出門時的座車中也要懸掛香囊，所謂的「香車寶馬」指的就是這個。

古人的社交禮儀除了使用香粉以及隨身攜帶香囊遮蔽體味、芬芳周圍之外，上朝晉見皇帝王公大臣，都得口含雞舌香（丁香），使自己口氣芬芳。而當時還有所謂的香身丸，是以各種香料磨成粉，加入糖蜜煉製，將其搗製成丸，根據記載它的功用可比現在的口香糖或是口含錠還要神奇！據說，口含一丸就能夠香口五天，身上能夠散發馨香十天，衣服則能撐到十五天旁人都能夠聞到這香身丸的馨香，但基本上廣告嫌疑居多。

只可惜當時沒人有柯提（Francois Coty）的商業奇才 *2，將香氣包裝成套販售，或故意將香油於街市打翻，再自立品牌開店，否則單憑請畫家繪製美人輕傅香粉的海報，再打著「上妝還能同時保養」的名號，肯定會大行於市賣到缺貨哪！

*2：西方直到 1904 年柯提（Francois Coty）一改香水的包裝，以平價玻璃瓶器替代昂貴水晶包裝，讓香水售價平民化。他同時也將護膚品與香水包裝成同系列，提供香水試香品給消費者，成為香粧品行銷的先驅範例！他曾帶著他的新品香水到南法當時著名的百貨公司，卻遭到拒絕，他憤而將香水當場砸在地上，霎時芳香四溢，他的香水也因此名噪一時。

古時生活對香的用法也是頗多方式與情趣，
而今唯有從詩詞篇章中
去尋找古人調香、用香的蛛絲馬跡，
唯一倖存的古代用香
也寥寥僅存宗廟祠堂、寺院道觀裡的香煙繚繞了。

現代生活中的香氣

無聲的力量——香氣，

從私密的日用品到公共空間，我們無不生活在香氣的「算計」當中。

一般人對於調香師的想像就是「調製香水」，殊不知，上至香水、香膏，下至衣物柔軟精、地板清潔劑、浴廁芳香劑都是我們的工作範圍，涵蓋日用品（功能性產品），諸如沐浴乳、洗髮精、洗衣粉、髮蠟、刮鬍膏等一系列的用品都是。電視廣告中，家庭主婦輕鬆使用地板清潔劑而贏得婆婆的歡心，像這樣滿室芳香的產品，其背後的調香功夫可不亞於香水。

調製香氛固然是調香師的工作，但在香水公司裡有一職位叫做「香氣分析師」（Fragrance Evaluator），他們不調香，基本上也不碰原料，他們具備調香的專業背景，但卻要更了解顧客的「鼻子」，他們的工作除了要將顧客想要的氣味與描述化為調香師懂得的原料名稱外，也要了解顧客對於香氣的「感覺」（高級或俗氣、年輕或老、自然或人工，甚至讓人想到哪類的香氣產品）。對於香水公司而言，這些抽象的感官資訊比起調香師又調製出哪些「前所未有」的組合更為重要。

消費者對於香氣的感覺，經常來自於生活中充斥的香氛用品。接下來，我們先來介紹這些熟悉卻又難以言語形容的「香氣印象」背後的推手原料。

俯拾即是的香氛印象

公共廁所

這裡指的不是臭氣薰天的公廁 Indole 味，或是洗廁劑的味道，而是大量被調和在除臭劑中的二氫月桂烯醇（罐裝果凍狀除臭香氛劑），只要有這種氣味出現，消費者很自然地就會想到公共廁所。二氫月桂烯醇最初是使用在高價香水中，現在仍然可以在許多男性香水嗅到它的蹤跡，主要是用來營造出萊姆的清新感。只是，這樣「普世流行」的香氣，成本價格允許的話，最終都會流落到產業的下端，也就是「日用品香氛」中。

枝仔冰

童年常吃的「枝仔冰」氣味，添加香蕉水，即為水果香蕉的成分，也就是所謂的乙酸異戊酯（Iso Amylacetate），一般用於食品添加劑。

咖哩香氣

綜合數種辛香料，主要氣味成分為小茴香籽。而在香水工業中，有時會在有小茴香元素的香水中加入帶點「動物原始煽情氣味」的麝香 *3。

*3： 香水所用的麝香原料很廣，可以從嬰兒痱子粉的白麝香到費洛蒙催情香水的麝香味。

油腥味

汽油味略帶油氧化後的草腥——葉醇。有時你不得不佩服大自然這神奇的調香師總是將「最不可能的組合」完美調和，被形容成油腥味的葉醇其實是鮮花鈴蘭的靈魂成分。清新如水與油腥味之間，往往只有一線之隔啊！

洗廁劑

市售洗廁劑的成分為稀鹽酸，本身味道濃重刺鼻，為了要掩蓋這刺鼻味，通常會使用便宜的苯甲醛，這也因此讓許多人對於「杏仁茶」沒好感，因為苯甲醛是現磨的杏仁茶的主要香氣成分。

指甲油

指甲油的氣味刺鼻到讓你需要暫時摒住呼吸嗎？它的氣味主要成分是乙酸苄酯，別小看這成分，它可是一公斤十萬元以上的茉莉原精的主成分。人工調和的茉莉香味也少不了這一味，但調不好的下場往往就是味道有如指甲油一般。

簽字筆、麥克筆

這兩種筆獨有的臭味，是由有著香水樹稱號的「伊蘭」抑或被芳療人稱做「窮人的茉莉」當中的成分 P-cresol 所散發出來的。

情迷花香

許多白色花朵之所以聞起來如此令人銷魂，就是因為那微量不到萬分之一的吲哚素（Indole），很多人捧著大把銀子想購買高價花朵萃取的靈魂成分，像是茉莉原精、橙花原精、玉蘭等等令人著迷不已的香氣，都是因為有著吲哚素這成分。未經稀釋下，這成分聞起來只會令人直想到「排泄物」，但在萬分之一的用量之下，卻能夠讓花朵產生令人迷醉的香氣。

濕泥土、大地的氣味

主要是由天然精油廣藿香所營造出來的香氣，醇類含量較低的岩蘭草也會有這樣的香氣。

大地礦石

常用於男性香水，用以表現礦石或硝石味的就是「1- 辛烯 -3- 酮」（1-octen-3-one）。氣味介於金屬血腥與蘑菇之間，還有兩種原料在香水當中也會讓人想起似金屬與血的味道——葵醛、壬醛。天然精油中會帶有金屬味特質的當屬高山薰衣草，有的甜到聞起來像是手摸過濕濕的金屬時的氣味，含過高比例玫瑰氧化物的天竺葵也會帶有金屬的氣味。

焦糖香氣

不僅大量用於甜品添加物，加了焦糖香氣的香水，在冬天時節也賣得嚇嚇叫。所謂的焦糖香氣，主要是由香草素作為主成分，加上一些乙基麥芽醇。

書法

小時候寫書法磨墨時都非常熟悉的氣味——冰片、龍腦以及避之唯恐不及的腳臭味穗柑松，以上這些都是古早製墨的香氣原料之一。

爽身粉、痱子粉

幾乎清一色都是以白麝香或是橙花為主調。橙花能夠讓粉類產品聞起來更加清新、舒爽，最著名的產品當推嬌生的嬰兒爽身粉，成分以柑橘、香草、薰衣草為主。

性感的體味

性感與否，其實端視個人喜好。基本上，體味的香氣指的是身體汗水淋漓時所散發的氣味，主要是指硫化物，諸如大蒜、葡萄柚、洋蔥這些原料。在天然精油中，所謂性感的體味可以從快樂鼠尾草（年輕運動員揮汗伸展年輕胴體時所散發的香氣），或是女生私密部位的氣味（高地杜松、松紅梅）。好玩的是男性亟欲掩蓋的體味，卻是調香師手上常用來帶出所謂「調情」、「性感」的原料，像是小茴香。台灣的肖楠木可說是十足十的「男人味」，可惜價比黃金，只有珍藏而沒有量產的價值。

娃娃的味道

每個女孩小時候最愛幫自己的娃娃變換髮型。你曾注意到娃娃頭部的味道與身體的塑膠氣味不太一樣嗎？有時我們會形容聞起來像是芭比娃娃的香味，就是指混合了許香草素與洋茉莉醛的香氣。

葡萄濃縮汁

不論是食品添加的香氣或是現在流行的少女果香，帶點巨峰葡萄的氣味就是由鄰氨基苯甲酸甲酯、氨茴酸二甲酯所營造出的氣味。

膠水味

綜合洋茉莉醛、茴香醛、香豆素的氣味。蘇和香精油的氣味介於膠水與塑膠燃燒的氣味之間。

培樂多黏土

如此充滿童年回憶的氣味，很難想像竟與經典香水扯上關係，嬌蘭的藍調時光（L’ Heure Bleue）被許多人認為聞起來像是培樂多黏土，其實是因為洋茉莉醛的緣故，這成分被許多化學家公認是培樂多黏土的特殊氣味。培樂多黏土除了此特色香氣之外，其實還多了點麵粉混合杏仁的香氣。氣味圖書館 Demeter 曾推出一款名為「培樂多」的香水。

瓦斯味

瓦斯的主要成分是甲烷，但人類聞不到這個氣味分子，天然氣公司為了防止顧客瓦斯中毒，都會添加聞起來像是爛掉雞蛋味道的四氫噻吩。

上述生活中俯拾即是的「香氣印象」，對於香精公司而言攸關產品的銷售量，這些一旦轉化成了調香師熟悉的語言，我們就能駕馭香氣，贏得消費者的心。

「香氣道盡了商品的狀態（高雅、廉價、過時）、功能（清潔、調理、治療）與自我認同（女性化、前衛、穩健），氣味充滿資訊，消費者正在解析它。香氣道出情感，而且更甚於情境音樂，它能傳達心理訊息。生意人一旦精通這種複雜的語言，嗅覺將成為完備的廣告媒體。」

——《異香》

近幾年歐美日用清潔產品的市場中，無香產品的銷售額僅占整體市場的4%，絕大多數消費者傾向購買帶有香味的產品。值得玩味的是，許多實驗均證實不論是合成的香味或是天然的香味都會影響人的情緒以及行為模式，甚至操弄消費者的購買慾望。

氣味勾起情感記憶的鏈結，我們稱之為「普魯斯特效應（Proust effect）」，最實際的例子便是占據美國嬰幼兒沐浴用品市場約半世紀之久的嬌生品牌。在市場中，深植人心的並不是嬌生的品牌形象，而是伴著絕大多數人度過童年的「形象香氛」——柔柔帶點香甜，恍若回到孩提時代洗完澡後，母親為我們拍上薄薄一層痱子粉的香氣。在過去的五十年中，任何品牌想在這塊市場分一杯羹，不論是打成分戰（更好的成分或效果）或是形象戰，都比不上直接將產品中的香氣直接改為「類似」嬌生的特有氣味還要更有效果。因此，市場上一系列的嬰幼兒洗沐用品在那時代聞起來，清一色幾乎都是那樣的調調。

香味於清潔用品中最基本的功用，並不只是引起消費者使用以及購買的慾望，而是以下三點：

一、遮蔽產品基劑本身的氣味（比如手工皂本身的油味以及鹼味）。

二、傳遞產品本身有效的訊息（比如洗完頭後的馨香氣味，有別於使用前頭皮本身的油味， 絕多數消費者是以氣味來判斷洗乾淨了沒）。

三、遮蔽體味（洗完澡後細菌仍會不斷地在頭皮以及肌膚上孳生，因此香味必須也要能遮蓋住這些新生的體味）。

由此可知，香味對於清潔類產品而言相當重要。試想，你是怎麼判斷衣服是不是洗乾淨了呢？ 除了視覺上的潔白以外，大多數的人都會將衣服拿起來聞一下吧？除了衣服以外，其實我們也是以香氣來判斷我們的身體是否「清潔乾淨」了！

新品牌戰略：空間香氛學

香氣不僅影響著人的行為，還能幫助我們在學業或職場上的表現更好，甚至影響到我們的抉擇，包括我們的購買慾望以及停留在購物場合的時間長短。除了在自家商品上塑造出品牌香氛的印象以外，越來越多的品牌商店在自家空間施放特定的香氣，例如三星電子在美國紐約旗艦店內施放品牌識別氣味，飯店在大廳使用獨有氣味作為識別，透過品牌識別氣味讓消費者有正面美好愉快的購物經驗，而這樣的體驗將會提高消費者對此品牌經常光臨且購買的意願。

不過，「氣味也要對味」，並不是所有的香氣都能夠提高消費者對於購物經驗的快樂指數，根據研究指出，要讓消費者掏出更多的錢來購買該樣商品，購物時的背景情境以及氣味要能夠符合「一致性」才行。研究使用了兩種備受女性喜愛的香味「百合」以及「海霧」，分別施放的同時讓受測者一面觀看展示女性絲緞睡衣的螢幕，結果發現噴灑百合時受測者願意出較高的價錢購買睡衣，原因出自該種香氣能讓女性產生較多閨房氛圍的聯想。

除了空間香氛要與背景情境符合一致性以外，從消費者有意識覺知的產品外觀、顏色、觸感，一直到消費者無意識被影響的香氣，都需要符合此一原則。因此，當我們在為顧客量身訂做香味時，必須充分了解顧客產品的市場定位、消費族群、通路，乃至於產品設計外觀細節，這些都必須一併考慮。

香氛潮流

近年使用在香妝品中最受歡迎的前十名香型：

1. 天然香料：是指天然精油以及芳香療法複方香味。
2. 健康的香味：萃取自天然植物或是具有療效的香味。
3. 有機的香味：具有有機認證或栽植過程符合有機來源的精油。
4. 浪漫的香氣：複合式花香或單一花香，如玫瑰、梔子花、百合。
5. 熱帶或異國風情香味：如木瓜、芭樂、鳳梨、芒果、百香果、石榴。
6. 水果混合異國風情香味：哈密瓜、金桔或橘。
7. 水果混合花香：葡萄柚茉莉香型、葡萄柚伊蘭香型，或是其它種柑橘類混合花香的氣味。
8. 辛香調：薑、白茶及綠茶。
9. 模仿知名香水的香味：模仿知名香水的香氣並應用在香妝品甚至洗劑類品，這是近幾年的趨勢，消費者在嗅聞到洗髮精具有類似某知名高價香水的氣味時，通常對於選購產品的好感度及購買意願較高。
10. 高檔較貴的香味：多數的行銷人都知曉香氣是一種訊號，能讓你的消費者在嗅聞的瞬間定位產品的價值與品質，故推出高品質商品時，通常也必須在香味上多花點成本與心思，符合消費者的期待。

無香、天然、合成

「天然產品紛繁龐雜，輪廓明晰，恆久不變，不容易別創新格，但它的優點卻是辨識度強，具包覆力，搭配得當可以表現出我覬覦的香水樣貌。合成產品輪廓較不鮮明，靈活運用度高，可用於表達抽象的概念。」

——法國愛馬仕專屬調香師艾連納（Jean-Claude Ellena）

1966 年 Dior 發行了被譽為 20 世紀最重要的男性香水「清新之水」（Eau Sauvage），在柑橘草本的柑苔調中，幽微的明亮的白色花香，輕盈地穿透整體香調，如綠色藤蔓上所開出的白色花朵，這樣的香氣讓當時所有香精香料公司驚豔，同時他們無不想找出這背後的成分秘密。曼妙香氣背後的功臣即為 Hedione（Dihydrojasmonate），微弱的白色花香，卻又具備無比的擴散力。細數六〇年代的 Eau Sauvage、九〇年代的 Acqua di Gio for men 與 CK one，這些時代的經典可都得歸功於 Hedione 的出現。通常會令消費者聞之色變的合成原料，沒想到卻是影響香水歷史半世紀之久的重要成分。香水調香，在原料的挑選上，天然固然較易使人接受，但有時合成原料更能讓香氣豐富而多變。

天然或合成的香味，乃至於無香的產品，好壞的界定究竟在哪呢？

從歷史的角度來看，無香產品的衍生無異是文明的「退化」。香氛帶來的並不只是感官上的愉悅與美麗瓶裝的香水，細數上至祭祀下至餐桌美味，香料香氛可說是一場精神上的時空之旅。西方、東方，縱貫南北，從羅馬人的廚房到古希臘、埃及、印度的神廟，從法國格拉斯的香水文化到東方的香道，香氛香料亙古越今。

文明一路從芳香走來，一個國家或是一個民族的精神文明程度與使用香料的平均數量成正比。從歷史這看似枯燥的紙本中，也夾藏著大量的香味，屈原《九歌》載有「蕙餚蒸兮蘭藉，奠桂酒兮椒漿。」在《尚書・君陳》中有「至治馨香」，不論是君子佩香囊以提醒自己不可違道行事或是以香陶冶身心，香料都在中華文化的發展上有著不可切割的重要地位。

古埃及以香料塗抹逝者的身體，相信藉由香料的香味以及逝者身體的保存，能夠幫助他們到達更好的境界。古希臘則是最早出現調香概念的文明，西元前 370 年古希臘植物學家西奧佛拉斯塔最早提出「留香」的問題，並且首次將植物油作為調香的定香劑，並使用酒精為溶劑進行調香。古印度的香料主要使用於宗教，起初香料僅用於宗教儀式與貴族的奢侈品中，後來才逐漸用在食品與日用品。

對香味的喜好並不等於對物質的依賴，而是更高意識層次的開展，香與人類在精神領域的發展上是密不可分的，只是現代科技對合成香味的濫用已經讓很多人的鼻子與肌膚開始抗議起來。消費者被教育：「沒有香氣的產品等於沒有負擔」，甚至是塑化劑話題沸騰當時，一堆嚇人的新聞標題「越香越毒？！」，決定消極選用無香產品前，我們更該思考的是對人體沒有負擔、對地球沒有汙染的香氣，還給香氣最初的意義與本質。

合成或天然之爭，始終是廣告商的賣點，但從調香師的角度，我們又是怎麼看待它們的好壞呢？天然精油不見得都是對環境或人體友善的，而合成原料也不是全都惡名昭彰。大家最熟悉的磷苯二甲酸酯類（塑化劑）的確是香精中最常見的定香劑，還有被濫用的各種具有環保以及致癌疑慮的麝香（如硝基麝香），但在調製香味時，調香師能夠透過對原料的篩選，改用環保可降解或天然的麝香，以及避免使用對人體有健康疑慮的原料。除了自律選用原料以外，像是 IFRA 機構對各種天然或合成原料所制訂的限用、禁用規範，也是調香師都必須遵守的基本規則。

從消費者的角度又該如何挑選原料呢？

市售的玫瑰或櫻花香氛產品，所含的成分並不只是單一一種花香，而是由多種單一香氛分子所調製而成的複方，因此消費者在無法得知香味全成分的情況下，可以說是完全「被動選購」，產品包裝上的標示的確會寫出成分以及防腐劑，但在香味上卻常常以「Fragrance、香料」一語以蔽之。因此，如果你想安心地享受香味所帶來的愉悅，最好的方式就是以唾手可得的「精油」來自己 DIY 香味產品。畢竟，比起不可知的市售香味產品，精油還是較為安心的選擇！

精油的基本選購原則

1. 可信賴的商家
2. 明確的標示：拉丁學名、英文俗名、萃取部位、萃取方式、保存期限。
3. 合適的包裝：深色遮光玻璃瓶。
4. 合理的價格：精油是農產品價格會隨著產量多寡波動，並不會出現 100ml 玫瑰精油低於一萬元這種價格。
5. GC-MS 或 MS-DS 迷思：有不肖商人謊稱此為精油身分證或認證，MS-DS 的全名為「MSDS， Materials Safety Data Sheet」物質安全資料表，主要會標明該物質當中是否有任何足以造成危害的成分，提供危害辨識資料（包含接觸後會產生哪些症狀）以及急救措施，甚至是物質不慎滲漏後的處理程序，根本無法說明精油的純度或是品質，僅提供運輸過程中參考使用。而所謂的 GC-MS，有分為有全成分分析檢附以及部分成分檢附。

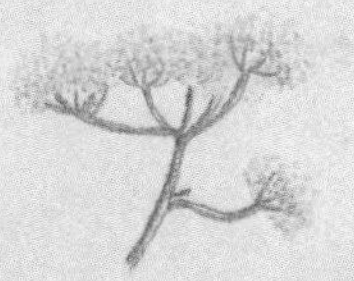

Chapter 02

練香

初進公司，我跟著資深調香師從頭開始學習認識原料。

高山薰衣草如同鮮剝的多汁龍眼，甜味中帶著金屬的氣味；
Cashemeran 木質麝香般的氣味則是雨水將落前，
土壤蒸散熱氣，並帶有沙塵的粗礪感……。
從合成原料、天然原料再到瞬息萬變的天氣狀態，
從植物的根、莖、葉、花果再到金銀銅鐵、木製家具，
嗅覺帶領我重新認識這個世界，甚或延伸至味覺體驗。
就算是再簡單不過的水煮紅蘿蔔，咀嚼的同時，食物在口中綻放開來的香氣，
與昂貴的鳶尾花根原精是多麼地相似。

從外在到內在，我學會重新詮釋香氣，
而不僅止於教科書中關於精油的生理、心理療效。
童年的記憶、情緒的悲喜隨著香氣的逸散，逐一被悄然喚醒，
我好似獲得一把神奇的鑰匙，自此開啟塵封許久的奧祕之境。
了解原料並不需要專業的化學背景，
香氣的價值也不在於其化學成分是否能夠達到神奇的美容效果，
而是香氣對你而言的珍貴意義。
且讓香氣穿透你的思緒，與之共鳴。

練香元素

最早將香味進行分類的是古希臘哲學家亞里士多德（Aristotle），他將香氣簡略分為五類：甜味、粗糙、刺激、澀味、豐富。李曼（Eugene Rimmel）在他的著作《The Book of Perfumes》發表了他的分類法，將香氣分為十八個類別：（1）杏仁（2）龍涎香（3）茴香（4）香脂（5）樟腦（6）丁香（7）果香（8）柑橘（9）茉莉（10）薰衣草（11）薄荷（12）麝香（13）橙花（14）玫瑰（15）檀香（16）辛香（17）晚香玉（18）紫羅蘭。

調香師傑里內克（Stephan Jellinek）曾說：「原料之於調香師，就如五彩斑斕的顏料之於畫家、文字之於詩人。」對畫家或是作家而言，色彩或文字絕非胡亂拼湊而成，在創作的過程中，更是需要經過縝密的思考、構思，方能成就作品。調香也是如此，香味與香味之間的層疊、襯托，絕對不是一股腦兒東加西減，同樣需要通曉各香味的特性，才能創作出餘韻繚繞的作品。

根據氣味的共同特性加以分類，是引導初學者進入芳香世界的必備地圖，由此可見分類原料的必要性。

給初學者的 28 支原料

市面上的香氛精油繁多，在此篩選出 28 支適合初學者使用的原料，並且將它們簡單分為六大家族，足以提供初學者調製手工皂、蠟燭以及基本香氣的基本需求。篇末並提供進階調香原料建議，這部分則視初學者的需求與預算自行斟酌是否添購。

Note. 常見的原料萃取法

大部分柑橘類若經過高溫蒸餾，部分成分容易分解變質，故一般常以***冷壓法***萃取。***蒸餾法***提取出的香氣並不完全，除了水溶性的香氣容易流失以外，也不易提取出分子大的成分，不過萃取設備較溶劑萃取法的便宜，故為最常見的萃取法。而對熱敏感的植材如茉莉、晚香玉，則不適合使用蒸餾法，改以***溶劑萃取法***提取香氣。

有時為了要表現理想中的香氣，會在配方中混用不同的萃取方式，如香奈兒五號的原始配方混用了玫瑰原精與精油。隨著香水工業的蓬勃發展，各種萃取提煉的技術也讓香味選擇變得多樣，調香師則是根據需求來加以選擇。

柑橘家族

柑橘精油隨處可見，但卻不是洗劑產品中會使用的香料。囿於柑橘本身的香氣並不耐鹼，故家用清潔劑中所採用的柑橘香氣大多並非出於天然，而是所謂的合成腈系列。在手工皂中，如果想要讓柑橘的香氣持久，建議選用甜橙花、苦橙葉與佛手柑，定香則建議選擇香脂家族中的安息香。光敏性疑慮 *4 在洗劑產品中無須考量，手工皂為清潔用品，使用時原本就需要沖洗乾淨，不像添加了柑橘的按摩油會停留在身上。柑橘家族中的甜橙花是香水工業常使用的原料，傳統的作法會將苦橙花混合甜橙花一起蒸餾，提高香氣的品質。甜橙花氣味強度強，使用於日用品調香中的效果較苦橙花佳。

*4：光敏性疑慮（Phototoxicity）
光敏性是由於精油內含呋喃香豆素，會與皮膚以及紫外線產生交互呋作用，意即暴露在日光浴或陽光的輻射下會導致過敏。

甜橙

英文名稱：Orange Sweet

拉丁學名：Citrus aurantium var. dulcis / Citrus sinesis / Citrus dulcis

萃取方式：冷壓法　萃取部位：果皮

氣味描述：

甜美而強烈的柑橘香氣，平易近人。

香氣用途：

香氣揮散的瞬間，消費者會立即以第一印象判斷是否購買該產品。因此，將柑橘類的香氣用於前調是張安全牌，畢竟有誰不愛這帶點果甜，卻無嗆人酸意的馨香呢？
柑橘香氣除了是古龍水的必備原料外，還會用於食品工業中，藉此增添飲料的風味。

檸檬

英文名稱：Lemon（Citrus limonum）
拉丁學名：Citrus limonum

萃取方式：冷壓法　　萃取部位：果皮

氣味描述：
清新尖銳的柑橘香氣，撲鼻而來的微酸感如同現榨的檸檬汁。

香氣用途：
無辜的檸檬自從被使用於洗劑中，並且意外大行於市後，從此，它的香氣再也無法與清潔用品完美切割了。香水製品倒是不一定得避用這類令消費者產生「廉價清潔劑」印象的原料。
調香時，我喜歡將檸檬與乳香以及白松香搭配，配方雖簡單，卻已具備香水的美感。

佛手柑

英文名稱：Bergamot
拉丁學名：Citrus bergamia

萃取方式：冷壓法　　萃取部位：果皮

氣味描述：
午茶時光的芬芳，隱約的佛手柑香調，這優雅的馨香讓伯爵茶成為許多人的最愛。佛手柑本身可說就是一支香水，豐富細緻的層次，甜美的橙橘、清新的花香，卻又帶著一抹胡椒似的乾燥辛香。

香氣用途：
佛手柑的明亮與和煦氣味，讓它成了最廣為人用的香水原料之一。

甜橙花

英文名稱：Neroli

拉丁學名：Citrus aurantium

萃取方式：蒸餾法　　　　萃取部位：花朵

氣味描述：

馥郁優雅的花香中，帶著平易近人的橘香。

香氣用途：

氣味比苦橙花強勁，使用在功能性產品中能夠帶出鮮明的「橙花」氣味。

中古世紀的歐洲仕女常將甜橙花作為香水使用，常在一舉一動間，香氣襲人款款而來，所以又被視為貴族的用香。

苦橙葉

英文名稱：Petitgrain

拉丁學名：Citrus aurantium

萃取方式：蒸餾法　　　　萃取部位：葉片

氣味描述：

它的香氣應以「採果樂」形容，以指甲掐斷柑橘的枝梗，摘下帶枝葉的橙橘，或坐或站享用今日勞動的成果。站立於微風中，身上無不沾染這苦橙葉的芬芳。

香氣用途：

常用於男性的功能性產品與中性古龍水。

草本家族

舒爽清新的草本家族，常用於男性清潔用品。此類原料添加在洗劑產品中並不會產生肌膚刺激性的疑慮，唯一要注意的是澳洲尤加利以及茶樹的香氣，容易使消費者產生藥用或廉價清潔產品的感覺。建議調製時適量添加杜松漿果精油，可以使氣味醇和、香氣圓潤。草本家族適合與柑橘家族、木質家族、香脂家族搭配；若希望增加氣味的變化，建議可以適量添加綠薄荷、胡椒薄荷精油。

澳洲尤加利

英文名稱：Eucalyptus Australiana

拉丁學名：Eucalyptus radiata

萃取方式：**蒸餾法**　　萃取部位：**葉片**

氣味描述：

香氣穿透力強，帶有涼味與樟腦的香氣。一般帶樟腦香的原料，建議都不要單獨使用在產品中，容易使產品有藥味或老氣。

香氣用途：

廣泛用於日用品的調香中，例如加入肥皂、去汙劑或是藥類的產品。如果想要改善木質與香脂較為沉悶的氣味，可以加入少量澳洲尤加利，呈現出清涼爽利的氣味。在手工皂中，以澳洲由加利替代迷迭香來搭配柑橘香調，所表現的古龍水香調效果較佳。

迷迭香

英文名稱：Rosemary

拉丁學名：Rosmarinus officinalis

萃取方式：**蒸餾法**　　萃取部位：**植株**

氣味描述：

清香，帶有青草的舒爽涼意。

香氣用途：

迷迭香的拉丁學名意義為海之朝露，其名字也反映在氣味上，不論是與柑橘家族混合，調製為古龍水，或是搭配薄荷，都令聞者有微風夾帶水氣的清涼之感。桉油醇迷迭香較樟腦迷迭香更為刺鼻，手工皂調香建議採用桉油醇迷迭香，調製香水則建議選擇樟腦迷迭香。

醒目薰衣草

英文名稱：Lavandin Grosso
拉丁學名：Lavandula burnatii

萃取方式：蒸餾法

萃取部位：植株及花朵

氣味描述：
不若真正薰衣草柔和的花香，醒目薰衣草的氣味更為偏向草本樟腦。

香氣用途：
氣味雖不似真正薰衣草甜美，但用途多且廣，常用於功能性產品。
在香精香料公司中，受限於不同產品的成本考量，我們常在原料間上演乾坤大挪移之法。例如同樣是薰衣草香味，從香水產品換成蠟燭，預算就縮減了十倍以上，這時就會將原本配方中較貴的薰衣草以醒目薰衣草替代。

絲柏

英文名稱：Cypress
拉丁學名：Cupressus sempervirens

萃取方式：蒸餾法　　　萃取部位：針葉

氣味描述：
典型針葉樹的香味，略帶內斂的木質香。

香氣用途：
常用於芬多精的香氣中或古龍水、馥奇香調以及柑苔香調中。
若不喜歡琥珀香調過甜膩的香氣，不妨加入些絲柏，香味將更加清澈怡人。

檜木

英文名稱：Hinoki

拉丁學名：Chamaecyparis obtusa var. formosana

萃取方式：蒸餾法　　　萃取部位：木質

氣味描述：

寧靜悠遠的香氣，有如漫步在古木參天的森林當中。

香氣用途：

近幾年才逐漸開始使用在香水工業中的原料，囿於檜木本身的藥味，大部分配方都是低量使用。

其實調香需要大膽的嘗試，例如「茗香水（Mor tea）」這支香水中含高比例檜木（8%），稍以冷杉、乳香以及茶香的修飾，即營造出杉林溪的清新氛圍。

山雞椒

英文名稱：May Chang

拉丁學名：Litsea cubeba

萃取方式：蒸餾法　　　萃取部位：果實

氣味描述：

強烈的檸檬與青草新割下來的氣味。山雞椒與檸檬香茅最大的不同在於山雞椒的氣味乾淨清亮，部分產地的檸檬香茅則會帶有油腥味。

香氣用途：

在香水中帶出持久的柑橘以及青草的香氣，也用於香水工業中分餾檸檬醛單體。至於像是檸檬香茅或香茅的氣味，對台灣人而言，此香味容易產生「廉價」之感（水晶肥皂及觀光景點常販售此類香味的肥皂），想要扭轉此印象不妨參考本書香膏中的冥想配方（*請參考 P.119*）。

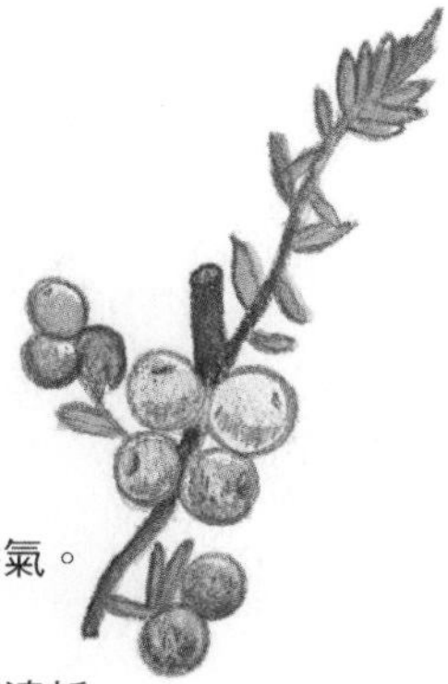

杜松漿果

英文名稱：Juniperberry
拉丁學名：Juniperus communis

萃取方式：蒸餾法　　萃取部位：漿果

氣味描述：
舒爽的松樹氣息，帶有果實的甜韻及松脂的香氣。

香氣用途：
杜松漿果常使用在中性以及男性香水中，香調清新。
也是我最喜歡的天然原料之一，不論與柑橘類精油，或沉重的木質原料，甚至是氣味強韌的岩玫瑰等等，都能良好搭配。

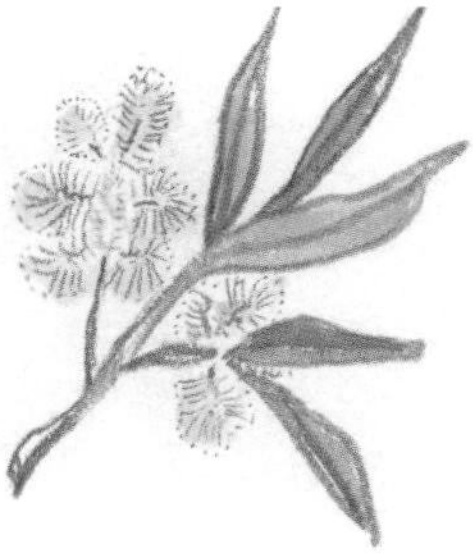

茶樹

英文名稱：Tea tree
拉丁學名：Melaleuca alternifolia

萃取方式：蒸餾法　　萃取部位：葉

氣味描述：
刺鼻、粗糙的藥味。

香氣用途：
常使用於芳香療法與功能性產品中。本書的聞香說味（*請參考 P.069*），舉出常帶給消費者廉價與藥味印象的原料，當作氣味強度的練習示範，完成的成品可用於薰香、室內芳香。

真正薰衣草

英文名稱：Lavender True
拉丁學名：Lavandula angustifolia

萃取方式：蒸餾法　　萃取部位：植株及花朵

氣味描述：
揉合草本與果香特質，香氣甜美。

香氣用途：
真正薰衣草是十分好用的原料，可以說完全不具備天然原料「鮮明的特色」，任調香師隨用途塑型，廣泛用於各類香調之中，從果香、花香到木質、草本，都能發現它的蹤跡。

| 花香家族 |

早期天然原料取得便宜，所以常見昂貴的花精油與原精用於製皂工業。關於使用原精入皂這點，特別以茉莉原精的效果最佳，氣味強度強，又能修飾整體香氛。現今，受限於成本因素等考量，大多使用較便宜的精油調配出茉莉的香氣。有著「窮人的茉莉」稱號的伊蘭，與茉莉同樣具有香甜的熱帶花香，在眾多知名的香水中， L’ Air du Temps（Nina Ricci ）與 Opium（Yves Sanit Laurent）就像天使翅膀，華麗又輕盈的迷醉感等等，都是伊蘭所營造出的香氣效果。若使用在洗劑中，伊蘭適量加上白玉蘭葉，則能呈現清晨茉莉猶帶露珠的花香。伊蘭根據分段蒸餾分為三個等級：一級、二級與三級，入皂建議使用三級伊蘭。

乍聞之下帶著玫瑰影子的天竺葵，是調製玫瑰香氣的主要原料，但在洗劑產品中，玫瑰香氣若要調得好，建議選擇波本天竺葵，氣味較埃及、摩洛哥、法國、南非所產的玫瑰天竺葵柔軟，氣味強度較夠。

伊蘭伊蘭

英文名稱：Ylang Ylang

拉丁學名：Cananga odorata

萃取方式：蒸餾法　　　萃取部位：花朵

氣味描述：

花形豐腴，綻放時捲曲妖嬈的花瓣，伴著細緻、極為熱帶奔放的香味。

香氣用途：

迷醉而濃郁的花香，從古至今就是香水產業中不可或缺的原料。女性花香水中，幾乎都能找到它的蹤跡。

玫瑰草

英文名稱：Palmarosa

拉丁學名：Cymbopogon Martini

萃取方式：蒸餾法

萃取部位：全草

氣味描述：

有著情人果的酸甜香味，味道不似玫瑰柔軟，較偏草本。

香氣用途：

一般調香用於調整玫瑰香型，加強果香面向。也會添加在菸草以及食品當中。本書音階調香法一章中的皮革香調，再加入玫瑰原精或玫瑰草，不失為一支率氣的女用香氛。

配方建議：柑橘家族＋玫瑰原精或玫瑰草＋皮革香調。

波本天竺葵

英文名稱：Geranium

拉丁學名：Pelargonium Graveolens

萃取方式：蒸餾法　　萃取部位：葉

氣味描述：

與玫瑰同樣有牻牛兒醇與香茅醇的天竺葵，常用於造假玫瑰精油。剛沾聞時，天竺葵透著薄荷般的辛辣涼味，品質好的天竺葵，在調香紙上直到最後甚至都還會有玫瑰草本的香氣。

香氣用途：

現代香水，男香、女香的原料不再侷限，玫瑰（甚至茉莉）也會被使用在男香中。

配方建議：

若想來支低調的中性「玫瑰香氛」，不妨參考：天竺葵＋胡椒薄荷＋馥奇香調。

白玉蘭葉

英文名稱：Michelia alba leaf

拉丁學名：Michelia Alba

萃取方式：蒸餾法　　萃取部位：葉片

氣味描述：

清新如水的綠意，令人聯想到花梨木與茉莉。

香氣用途：

在香水工業中常以白玉蘭葉精油替代沉香醇或是芳樟、花梨木。

芳樟

英文名稱：Howood

拉丁學名：Cinnamomum camphora CT linalool

萃取方式：蒸餾法　　萃取部位：葉片

氣味描述：

清新果香中夾雜著溫暖的花香味。

香氣用途：

精油常用於分餾出天然來源的沉香醇單體，除了用來替代花梨木精油外，也大量使用於香水工業中。

Note. 白玉蘭葉與芳樟的超強用途

除了真正薰衣草以外，還可供調香師搓圓捏扁的原料當屬白玉蘭葉與芳樟！有任何配方太過沉重嗎？或是想要加重花的清新與果香的甜味嗎？那麼，非這兩支原料不可了！

| 木質家族 |

可用於定香的精油，並不一定都是木頭萃取來源（例外像是廣藿香與岩蘭草均萃取自植株）；萃取自木頭的檜木，也不具定香效果，在分類上則歸類為樟腦或草本家族。以下歸類在木質家族中的精油都能定香。需要注意的是，每種香氣的特質不同，因此也分別適用不同香型來做定香。

廣藿香囿於初聞的氣味就像是濕泥土般，許多人將它分入草本家族，殊不知廣藿香的氣味再加入高比例檸檬香茅、安息香、一點天竺葵、伊蘭，就能營造出知名品牌熱賣的冥想香氛。

岩蘭草

英文名稱：Vetiver
拉丁學名：Vetiveria zizanoides

萃取方式：蒸餾法　　萃取部位：根部

氣味描述：
強烈的根部與大地香氣，產地不同的岩蘭草會帶有堅果、花香、泥土等不同特質的香氣。

香氣用途：
與其他木質家族成員搭配，岩蘭草將能加強木質的面向，且賦予木質香調遼闊深沉的大地氣息。

配方建議：
以下配方可柔和岩蘭草剛硬的氣味：岩蘭草精油 4.5g ＋維吉尼亞雪松 3g ＋波本天竺葵 0.5g ＋古巴香脂 2g。

阿特拉斯山雪松

英文名稱：Cedarwood Atlas
拉丁學名：Cedrus atlantica

萃取方式：蒸餾法

萃取部位：針葉

氣味描述：
新蒸的阿特拉斯山雪松帶點油漆的刺鼻味，陳置過後則轉為甜暖的香脂。

香氣用途：
在定香方面能與草本家族搭配良好，與花香、香脂家族搭配則可做出偏中性的花香調。
皮革香調中的木質類原料，可以部分以阿特拉斯山雪松替代，將更能加強皮革的特質（*請參考 P.081 皮革香調*）。

維吉尼亞雪松

英文名稱：Cedarwood Virginia

拉丁學名：Juniperus virginiana

萃取方式：蒸餾法　　　萃取部位：木材

氣味描述：

乾燥的木頭甜香，就像是削鉛筆的氣味。

香氣用途：

此支原料是我架上的常用香氣，除了能夠帶出檀香乾燥粉感的底調，也能與甜點原料搭配良好。例如我最近參與設計的香水，為了在前調突顯巧克力的特色，除了添加了可可原精以外（高劑量會讓香水變得很鹹），也加入了維吉尼亞雪松，這樣的混合即能創造出巧克力香脂的粉感特色。

紅檀雪松

英文名稱：Juniperus virginia & Santalum album

拉丁學名：Juniperus virginia & Santalum album

萃取方式：蒸餾法

萃取部位：木質、檀香

氣味描述：

紅檀雪松為雪松加入檀香碎屑一起蒸餾而得，香氣柔軟深沉。

香氣用途：

紅檀雪松使用在製皂產業當中，是良好的定香劑，與各家族的精油搭配性高。

除了本書中搭配的範例以外，初學者若不擅操作廣藿香及岩蘭草等木質類香氣，建議可以加入紅檀雪松一起搭配使用。

廣藿香

英文名稱：Patchouli

拉丁學名：Pogostemon cablin

萃取方式：蒸餾法　　　萃取部位：全株藥草

氣味描述：

像剛拔起的藥草，根部仍沾著腥濕的泥土味。

香氣用途：

初次接觸廣藿香的人，他們都難以相信帶有「濃郁中藥味」的廣藿香竟是香水工業「舉足輕重」的原料。第一支大膽使用高劑量的廣藿香的香水是「禁忌」（ Tabu）*5，這樣的高劑量並沒有毀了整體香氣，而是讓廣藿香的特色發揮得淋漓盡致，盡顯水果酒、帶點辛香木頭的特色。

*5：1930 年代 Tabu 推出的當時，其他調香師仍將廣藿香視為低比例添加的成分。第二支高比例廣藿香的香水問世，也已是 60 年後的事了（1992「天使」 by Thierry Mugler）。

香脂家族

香草甜味是洗劑產品常使用的原料，常用於沐浴乳及洗髮精中，穩定性高，是大眾都喜愛的香氣。一般的香脂諸如香草、安息香、祕魯香脂等等，除了帶有香草甜味以外，用於製作手工皂也是搭配性高的定香劑。

香脂家族中的祕魯香脂，在使用時要特別留意劑量，添加量必須在 1% 以下，而且敏感性膚質請避用。祕魯香脂有兩種規格，一種為深褐色稠狀，另一種為透明微黃流動性佳，若是用於入皂，建議使用深褐色稠狀，其樹脂成分能延長手工皂的保存期限，適合與木質家族、草本家族搭配定香。

安息香經處理後為結晶狀，再加入溶劑後才是市售常見的流動狀。而醇類溶劑比例越高，安息香加速皂化的速度就越快，定香效果也越差，建議選擇 40% 以上的安息香，才能發揮定香的效果。

祕魯香脂

英文名稱：Peru Balsam
拉丁學名：Myroxylon balsamum

萃取方式：溶劑萃取法

萃取部位：樹脂

氣味描述：
甜膩中帶點辛辣感。

香氣用途：
早期的嬰兒痱子粉大多會使用祕魯香脂，後來因為過敏的案例越來越多，才將其限用於功能性產品當中。囿於祕魯香脂深褐色的性狀與刺激性，建議使用在製皂用途，若不介意肥皂顏色因此變深，這將是支實惠的原料。

安息香

英文名稱：Benzoin
拉丁學名：styrax benzoe

萃取方式：溶劑萃取法

萃取部位：樹脂

氣味描述：
甜膩如香草，似感冒糖漿的味道

香氣用途：
早期香水工業會將安息香、岩玫瑰與香草搭上花香及動物香料，藉此仿製出龍涎香；現今廣為流傳的琥珀香調，就是將此配方精簡為安息香＋岩玫瑰原精＋香草原精。
搭配性高，不論單獨使用或混合各類家族及香調，都能讓香氣更為圓潤。

| 薄荷家族 |

清涼的香氣特徵，從香水、保養品、洗劑產品到食品、藥品都有其蹤跡。

添加在手工皂中，若想增添清涼感，可加入 3% 以內的薄荷腦。帶甜味的胡椒薄荷適合與柑橘家族搭配，綠薄荷則適合與草本家族搭配。

綠薄荷

英文名稱：Spearmint
拉丁學名：Mentha spicata

萃取方式：蒸餾法　　萃取部位：植株

氣味描述：
清涼有勁、提神醒腦的氣味。

香氣用途：
常用於日用品、製藥產業、食品調香中。高劑量單獨使用會變成青箭口香糖，建議調和使用，劑量控制在 0.2% ～ 0.5% 以內。

Annick Goutale 的星夜女香，以冷杉原精及綠薄荷來呈現漫步在輝煌星空下與蓊鬱森林中的清新與悠閒。

胡椒薄荷

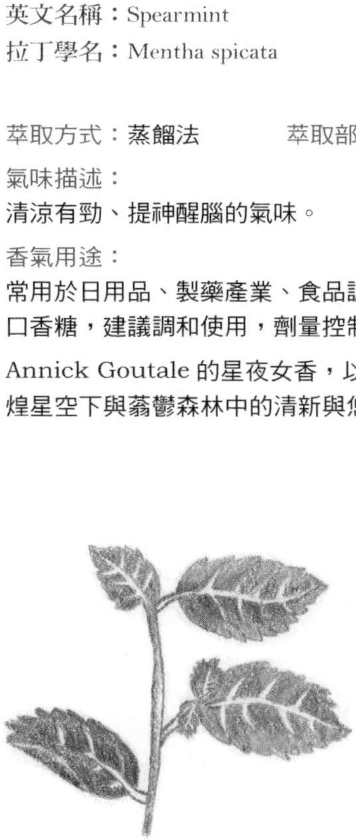

英文名稱：Peppermint
拉丁學名：Mentha piperita

萃取方式：蒸餾法

萃取部位：植株

氣味描述：
清涼中帶點如香脂般的甜味。

香氣用途：
常用於分餾出薄荷腦單體，廣用於日用品、製藥、食品調香。若用於香水，務必要低劑量（0.5% 以內），此外在海洋或水感的香調當中，會使用些薄荷營造出噴泉的清涼感。Miaroma 的杉語不同於 Annick Goutale 使用綠薄荷所呈現的夜涼如水，低劑量的胡椒薄荷帶出雨後乾淨的大地氣息，空氣裡飽滿的水氣吐露著杉林的綠意與幽微的花香。

進階調香原料

進階原料囊括了經典香水常使用的天然原料，大部分都屬於高價位的精油或是原精。建議讀者先熟悉基礎原料的香氣特性，再以 28 支原料為主軸創作出不同風格的香氣作品，等到嫻熟各香型及配方，再依照需求加入進階原料。

玫瑰原精

英文名稱：Rose Absolute
拉丁學名：Rosa damascena / Rosa centifolia

萃取方式：溶劑萃取法　　萃取部位：花朵

氣味描述：
原精的氣味多了精油所沒有的成熟嬌媚，土耳其玫瑰原精花香最為濃郁，接近玫瑰帶給人的印象。千葉玫瑰又稱五月玫瑰，散發水蜜桃般的清甜果香，蜜甜味明顯，略帶茶葉與稻禾香氣。大馬士革玫瑰原精則偏草本辛香、蜜甜味淡。摩洛哥玫瑰清揚如蜜，似台灣的紅玉紅茶。

香氣用途：
低量使用可以圓潤修飾香調。
玫瑰原精、茉莉原精、鳶尾花根原精、橙花原精這四劍客，幾乎是經典香水中的必備元素。

茉莉原精

英文名稱：Jasmin Absolute
拉丁學名：Jasminum sambac / Jasminum grandiflorum

萃取方式：溶劑萃取法　　萃取部位：花朵

氣味描述：
小茉莉原精甜美的果香微帶青澀。大茉莉則是千嬌百媚、擴散力十足的花香。我偏愛使用大茉莉調香，獨特的熟果香與迷醉的花香，不同濃度效果各異，從清淡茶香到濃郁的東方調，都有令人驚艷的表現

香氣用途：
茉莉原精與玫瑰原精都能夠修飾圓潤各種香調。

零陵香豆原精

英文名稱：Tonka Bean

拉丁學名：Dipteryx odorata

萃取方式：溶劑萃取法

萃取部位：種子

氣味描述：

帶有水果酒的香氣（似梅子酒）、高級雪茄的菸草香以及杏仁糖霜的粉感甜香。

香氣用途：

茶香的清甜與溫暖、復古的粉香味、清爽的男性馥奇香水、豐厚濃腴的東方調，都少不了零陵香豆原精的存在，多變的香氣讓它在各式香調中濃妝淡抹兩相宜，劑量高或低都表現出不同的風情。

岩玫瑰原精

英文名稱：Labdanum absolute

拉丁學名：Cistus ladaniferus

萃取方式：溶劑萃取法　　萃取部位：香脂

氣味描述：

岩玫瑰原精氣味深沉，帶有動物香氣，是仿製龍涎香不可或缺的原料。

香氣用途：

東方香調中不可或缺的原料，國外調香師用來呈現奢華的香氣。之所以說是「奢華」，是因為在天然原料中，唯一就只有岩玫瑰原精的氣味近似價比黃金的龍涎香。

若真想體會這稀有的龍涎香，不妨參考 Amouage*6 的第一款同名香水，其中就添加了這一支原料。

*6：Amouage 是阿曼王室為了恢復古代阿拉伯高級香水的風光而創建的香水品牌。

白松香精油

英文名稱：Galbanum
拉丁學名：Ferula galbaniflua

萃取方式：蒸餾法

萃取部位：樹脂

氣味描述：
白松香青綠帶苦的香氣令人想到生菜葉的氣味。

香氣用途：
香奈兒十九號中清新而年輕的前調，得歸功於白松香精油所帶來的效果。
白松香是油畫中的明亮色調，存在感十足（不同於針葉所營造的水墨畫清新氛圍），為香水帶來層次分明的香氣，適合與茉莉、鳶尾花根或東方調搭配。

丁香花苞精油

英文名稱：Clove Bud
拉丁學名：Eugenia caryophyllus

萃取方式：蒸餾法

萃取部位：花苞

氣味描述：
高濃度丁香直讓人想到牙醫診所，建議不妨將精油稀釋到 1%，你將會對它獨特的酒香與花香印象深刻。

香氣用途：
常用來調配康乃馨香調、妝點玫瑰花香，能為香水帶來清甜如蜜或乾燥的木質辛香。

薑

英文名稱：Ginger
拉丁學名：Zingiber officinale

萃取方式：溶劑萃取法

萃取部位：根部

氣味描述：
有植物根部濕潤的特殊氣味。稀釋後的薑，有著柑橘的清香以及生薑般的辛辣。

香氣用途：
說到清新如水，許多人的刻板印象都是「合成原料」所帶出的效果（例如 Calone 1951），除去薄荷如水的涼意，薑也是我常用在夏天香水中的原料。
草本、木質或果香配方中加入低劑量的薑（建議混用 CO2 萃取法與蒸餾法的薑），能營造出漫步在雨中的氣味。

東印度檀香精油

英文名稱：Sandalwood
拉丁學名：Santalum album

萃取方式：蒸餾法

萃取部位：木材

氣味描述：
溫潤如奶脂般的木質香氣，東印度檀香在聞香紙上的變化不大，且持香度極佳。

香氣用途：
幾乎各種香調的調配都能用東印度檀香，除了定香之外，還能使香氣更為柔軟。
若用在香水中的比例過高，會讓氣味顯得老派
，建議適量即可，如此就能帶出特色。

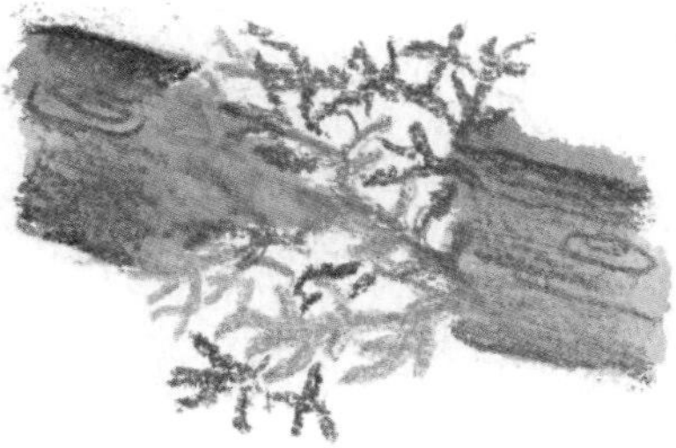

橡樹苔原精

英文名稱：Oakmoss
拉丁學名：Evernia prunasti

萃取方式：溶劑萃取法

萃取部位：樹苔

氣味描述：
氣味豐富帶有海水的鹹味、木頭、綠葉以及高級皮革的特色。

香氣用途：
常使用在馥奇香調、柑苔香調以及東方香調。搭配花香類原料，能突顯花朵的明亮感。
橡樹苔原精雖廣為使用，但劑量需要小心控制，
因為它是一支後勁強烈的原料，往往一開始聞不太到它的蹤跡，但若提高比例則會造成作品味道幾天後變得「死鹹」無比。

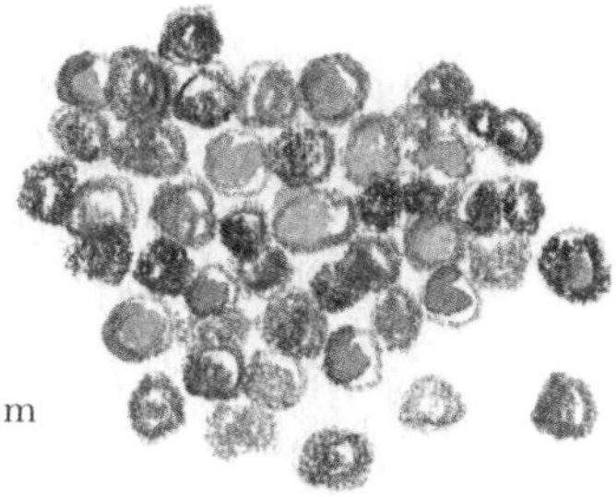

黑胡椒

英文名稱：Pepper
拉丁學名：Piper nigrum

萃取方式：蒸餾法　　萃取部位：果實

氣味描述：
黑胡椒溫暖而辛辣，雖帶有檸檬皮的清新，但整體是帶油味的木香。而粉紅胡椒卻有著柑橘酸甜的香氣，辛辣中透出如松脂的清新。

香氣用途：
在調香中，粉紅胡椒與黑胡椒的效果不同，黑胡椒能豐富木質調，但過量會讓香調會顯得悶沉。若要避免帶出黑胡椒的油味與粗礪沉滯，不妨改用粉紅胡椒。

聞香說味

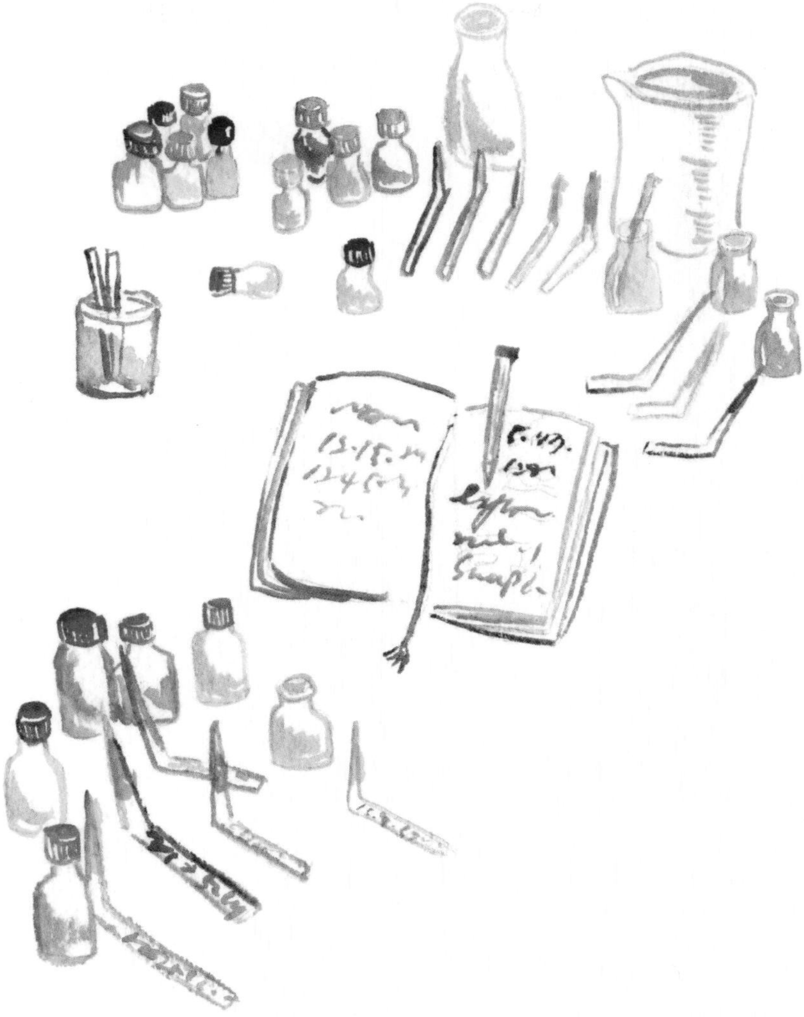

記憶抽象的氣味

首先，準備一本用來書寫原料的記事本，或自行繪製表格也可，需要記錄的欄位有：原料名稱、萃取方式、產地、原料稀釋的濃度。

大部分原料的稀釋濃度都是 10%，僅氣味強烈的原料會以 1% 或 0.1% 進行稀釋嗅聞。10% 稀釋的方式是取 10g 原料加入 90g 香水酒精，並以深色精油瓶保存，瓶身外標明原料名稱、萃取方式、稀釋濃度以及稀釋的媒介（稀釋的媒介若是酒精，會以縮寫 ALC 表示）。

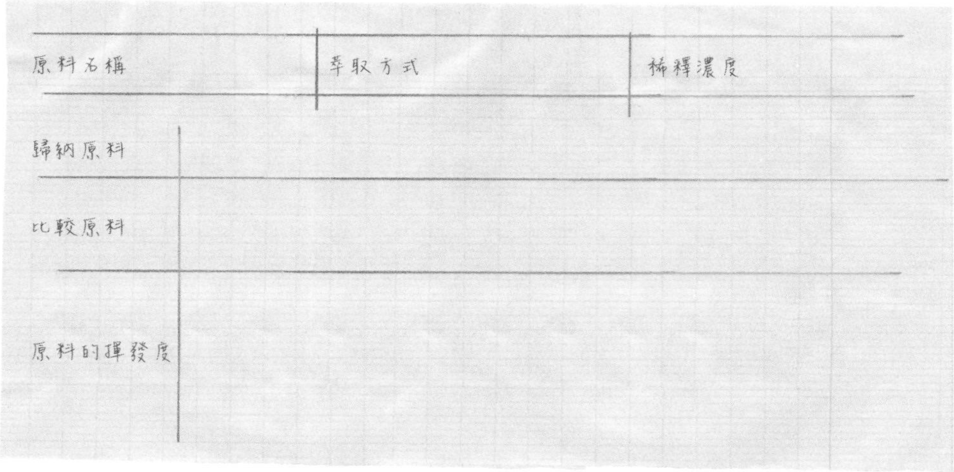
原料名稱
萃取方式
稀釋濃度
歸納原料
比較原料
原料的揮發度

以調香紙的一端沾附約 0.5cm 的原料稀釋液，將此端折立，另一端寫上原料的名稱與時間、日期。對於氣味的描述方式，則請參考以下示範！

1. 歸納原料：

原料的氣味是屬於花香、果香、木香還是草香？

2. 比較原料：

同一家族成員彼此之間的異同，例如同屬柑橘家族的甜橙與佛手柑，它們氣味的相似與差異為何？

3. 原料的揮發度：

每支原料在調香紙上所呈現的氣味變化都不同，記下沾聞的時間，每隔十分鐘或半小時就重複嗅聞一次，直到此支原料在調香紙上失去它主要的特性。例如檸檬，剛開始的氣味有如新鮮的檸檬汁，時間一久則會逐漸轉變為萜烯的氣味。柑橘類原料重複嗅聞的間隔時間短，約五到十分鐘嗅聞一次。木質或香脂可拉長至三十分鐘嗅聞一次。

示範一

原料名稱 檸檬	萃取方式 冷壓法	稀釋濃度 10% in ALC

歸納原料	柑橘
比較原料	與同分類家族中的甜橙比較，檸檬較酸但清香十足，氣味強度較甜橙稍弱。
原料的揮發度	1 分鐘～ 5 分鐘：像鮮榨的檸檬汁、微酸 5 分鐘～ 10 分鐘：仍有檸檬汁的香氣但多了皮的苦味 10 分鐘～ 20 分鐘：像手擠檸檬汁、手上殘留的香氣、多了一點像萜烯針葉木頭的氣味

示範二

原料名稱 佛手柑	萃取方式 冷壓法	稀釋濃度 10% in ALC

歸納原料	柑橘 有像薰衣草的花果香氣 伯爵紅茶 胡椒乾燥辛香（一點木質香氣）
比較原料	與同分類家族中的檸檬比較，檸檬的清新屬於冷香，佛手柑則有像是辛香料的激勵明亮。
原料的揮發度	1 分鐘～ 10 分鐘：柑橘與柔和似薰衣草的果香，帶一點胡椒的乾燥辛香 20 分鐘～ 30 分鐘：帶果香的伯爵紅茶，柑橘味較淡了

探索自我的芳香之旅

（以下表格可依照需求，影印使用，作為聞香說味的練習）

原料名稱	萃取方式	稀釋濃度

歸納原料	
比較原料	
原料的揮發度	

原料名稱	萃取方式	稀釋濃度

歸納原料	
比較原料	
原料的揮發度	

氣味強度練習

「原料的氣味強度」為拿捏配方劑量的基準。一般運用氣味強度的調香方式，常見於芳香療法書中，除了依照個案本身狀況調油外，整體氣味的調整則以強度為基礎。

平常所做的氣味強度練習，建議可以先從單一個家族成員開始，之後進階至依照主題挑選原料，然後再進行原料間的氣味強度評比。直至，對原料特性嫻熟之後，便可不需要記錄「氣味強度」此項。

氣味強烈且常令人聯想到藥味的原料，像是茶樹、檜木、澳洲尤加利、薄荷，許多調香初學者都會在香水配方中避用，但我曾在調配檜木香水時，利用少量的茶樹精油加強檜木特有的「沙士味」。這幾支原料，搭配不好的確容易產生廉價的印象，但初學者可以藉由氣味強度的練習與其他原料相搭配，就能將不討喜的藥味扭轉為清新的芬多精。

Note.
原料揮發度以及氣味強度都會影響整體配方的平衡，比如要在配方中使用「橡樹苔原精」，由於它的氣味強度強，只要少量就能改變整體的香氣，且持續力極佳，所以要平衡它就必須選用氣味強度同屬「中～強」，持香度佳的原料如廣藿香、香草原精、岩玫瑰原精……等等。

下方示範這幾種原料的搭配方式，讀者可以依自身喜好再添加其他原料（如：薄荷）
氣味最為強勁的原料排名第一，以此類推，以數字註記方便參考。

原料名稱	萃取方式／產地	稀釋濃度	氣味強度排序	劑量
茶樹	蒸餾	10%	2	3d
檜木	蒸餾	10%	2	5d
澳洲尤加利	蒸餾	10%	1	4d
迷迭香	蒸餾	10%	3	6d
真正薰衣草	蒸餾	10%	4	7d
杜松漿果	蒸餾	10%	5	15d

（以下表格可依照需求，影印使用）

原料名稱	萃取方式／產地	稀釋濃度	氣味強度排序	劑量

聞香練習曲

依據上文提及調香的氣味強度，芳療師慣常使用的調香方式，主要將原料分為以下三組類型。

｜平衡者：修飾原本尖銳不和諧的香氣，使其變得圓融｜

歸類在此組的原料，聞起來幾乎都是香氣強度中等、氣味討人喜歡這類的特性，像是一般常見的真正薰衣草、花梨木、芳樟、甜橙、佛手柑。

｜矯正者：大幅度改變不易被接受的味道｜

這一組原料屬於氣味強度強、少量就能改變整體氣味，像是德國洋甘菊、岩蘭草、錫蘭肉桂、丁香、綠薄荷、胡椒薄荷、羅勒。

｜強化者：加強特定香氣面向｜

歸類在此組中的原料通常氣味強度屬「中～強」，劑量不用多就能表現出該香氣面向。呈現柑橘香氣面向的有橙花、佛手柑、山雞椒；加強玫瑰香氣特質的有天竺葵、玫瑰草；加強木質香氣特質的有檀香、大西洋雪松。

芳療師調製香氛時，重視療效考量，但同時也會斟酌氣味表現（即為氣味強度的調合），除了參考上述調香領域的氣味類型概念外，通常也會根據客戶的喜好來選用精油與調配劑量。基本上，氣味強度強或惹人討厭的味道劑量較低，氣味強度弱或引人喜歡的味道劑量較高。

舒緩嗅覺

當你發現自己不大能分辨出調香紙上的氣味時，就是嗅覺需要休息的時候了。初學者嗅聞香味的數量，端視自身的嗅覺耐受度而定，一般建議為五支以內，之後再慢慢增加。當你嗅覺疲勞時，建議可以嘗試以下幾種舒緩方式。

嗅聞自己的肌膚

練習調香時，不建議在身上塗抹任何香味製品，除了容易干擾嗅覺以外，也是為了透過嗅聞自己肌膚的方式，讓自己的嗅覺回到基準點。就如同美食評論家在每道菜之間會以水洗漱口腔而非刷牙，我們則是藉由嗅聞肌膚來恢復狀態。

喝杯熱茶

緩緩喝杯熱茶或白開水，藉由水蒸氣舒緩鼻腔充血的不適感。

起身至戶外呼吸新鮮空氣

嗅聞咖啡豆

一般嗅聞咖啡豆要視個人習慣而定，咖啡豆並無醒鼻或清鼻子的功效。

樂理調香

「氣味不比樂高積木，不是堆堆疊疊就能把香水搭建起來，而是一種我想讓眾人理解的無形之物。」

——法國愛馬仕專屬調香師艾連納（Jean-Claude Ellena）

高、中、低音的調香論點就像作文的「起、承、轉、合」一樣，幫助初學者以有系統邏輯的方法，熟悉了解原料的特性、揮發度、配方劑量與整體平衡的練習，但並非用來當成創作香水的方式，而且現在的調香師普遍不以這樣的方式來調製香水。

最重要的是，香水是接近詩的語言，最終還是要以簡潔恰當的香氣（詞彙）來表達感覺或意象，有時寥寥可數的幾支原料遠勝於前中後調濃油厚醬、贅詞堆疊的組合。

香氣的揮發度與音階

F Civet 靈貓香
E Verbena 馬鞭草
D Citronella 香茅
C Pineapple 鳳梨
B Peppermint 薄荷
A Lavender 薰衣草
G Magnolia 玉蘭
F Ambergris 龍涎香
E Cedrat 香檸檬
D Bergamot 佛手柑
C Jasmine 茉莉
B Mint 綠薄荷
A Tonquin bean 香豆素
G Syringa 紫丁香
F Jonquil 黃水仙
E Portugal
D almond 杏仁
C Camphor 樟腦
B Southernwood 南方木
A New-mown Hay 刈草
G Orange Flower 橙花
F Tuberose 晚香玉
E Acacia 金合歡
D Violet 紫羅蘭
C Rose 玫瑰
B Cinnamon 肉桂
A Tolu 吐魯香脂
G Sweet Pea 甜豆
F Musk 麝香
E Orris 鳶尾花
D Heliotrope 天芥菜
C Geranium 天竺葵
B Stocks and Pinks
A Peru Balsam 秘魯香脂
G Pergaloria
F Castor 蓖麻子豆
E Calamus 菖浦
D Clematis 鐵線蓮
C Santal 檀香
B Clove 丁香
A Storax 蘇和香
G Frangipani 雞蛋花
F Benzoin 安息香
E Wallflower 桂竹香
D Vanilla 香草
C Patchouli 廣藿香

作者：英國化學家兼調香師 George William Septimus Piesse（查理斯．皮瑟爾的兄弟）
出處：著作《the Art of Perfumery(1857)》

十九世紀末有一位調香師查理斯．皮瑟爾（Charles Piesse）試著用對應音階的方式來分類各種原料，他的理論基礎是認為各種原料的特色就像音樂的音調一樣有其秩序。雖然，這種方式最後並未成功推廣，但和音樂有關的術語卻流傳至今。

1954 年 4 月 法 國 著 名 調 香 師 Poucher 在 其 著 作《Perfume & Cosmetics》（1923）發表了他按照香料香氣揮發度進行分類的結果，他評定了 330 種天然、合成香料以及其他香料物質，依據它們在聞香紙上揮發留香的時間長短區分為「高音」（top note）、「中音」（middle note）、與「低音」（base note）。Poucher 將香氣在不到一天就消散殆盡的原料係數定為 1，以此類推，不到兩天的係數為 2，最高的係數則為 100。他將 1 ～ 14 劃分為高音、15 ～ 60 為中音、61 ～ 100 為低音。

Poucher 的分類法使用嗅覺來判定香料的揮發度，這樣的方式對於初學者較為淺顯易懂，但並非絕對。針對天然精油進行音階分類時，因其成分複雜，而且揮發過程中最初的香氣與最終的香氣特質也會不同，甚至有些在揮發過程中會逐漸喪失其原本的香氣特徵，而這就得藉由評辯香氣者的個人嗅覺來判斷，所以原料究竟分類在哪一個音階就會因人而異了。

音階與金字塔結構

金字塔式香味的基本結構，將香氣依照揮發度區分為高音、中音、低音三個基本的香味階段，而將這抽象概念具體化為香水產品，則是在 1899 年由嬌蘭所發行的 Jicky（姬琪）。金字塔香氣的結構影響了後來的香水調製方式，也成了學習調香的重要方式之一。

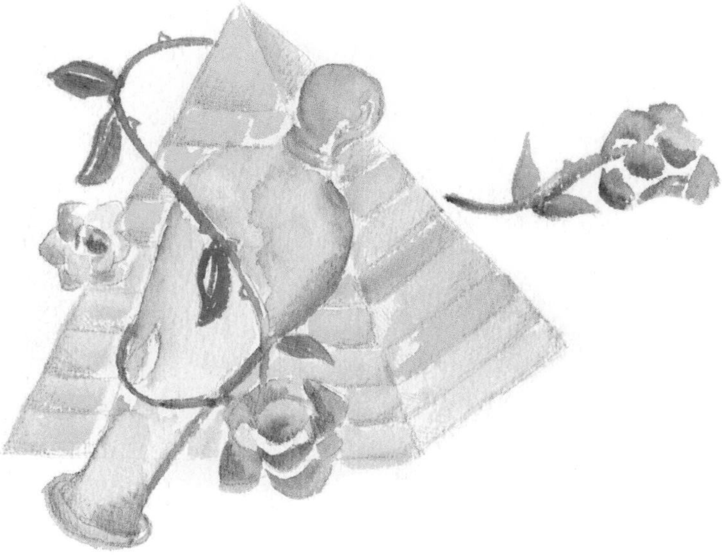

| 高音 Top/Head note |

整體香氣予人的第一印象。原料揮發度最高、持香度弱。

| 中音 / 低音修飾音 Middle note |

能修飾低音原料過於尖銳的香氣，且為整體香氣的核心主題。此分類的原料揮發度與持香度中等。

| 低音 Base note |

揮發度最低、持續力最佳。故分類於低音的原料多半又具有定香效果。低音的影響力貫穿三個音階，且攸關整體香氣的和諧度與香水的成敗。

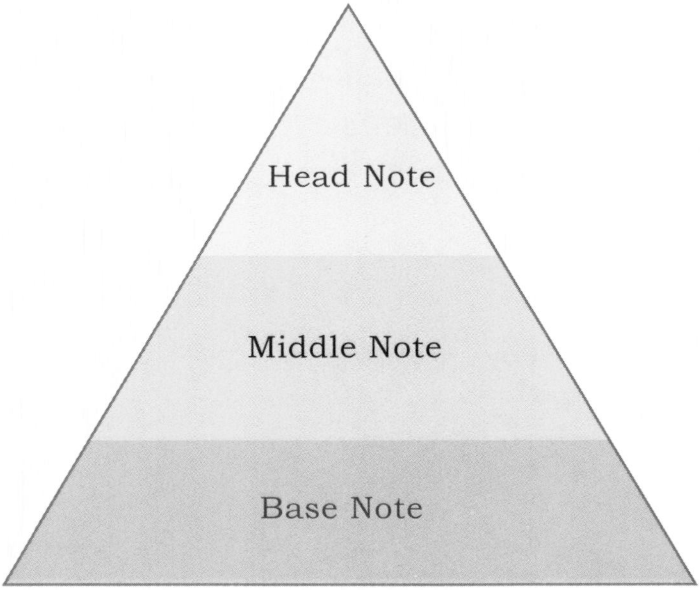
Head Note
Middle Note
Base Note

<table>
<tr><th></th><th>高音 / 前調</th><th>中音 / 中調</th><th>低音 / 底調</th></tr>
<tr><td>特性</td><td>高揮發度
低持香度</td><td>中揮發度
中持香度</td><td>低揮發性
高持香度</td></tr>
<tr><td>扮演角色</td><td>開瓶味</td><td>修飾者</td><td>多數歸類在低音的原料
可以定香</td></tr>
<tr><td rowspan="3">原料名稱</td><td colspan="2">花梨木
芳樟
龍艾
芫荽種子
真正薰衣草
醒目薰衣草
白玉蘭葉
薑
玫瑰原精</td><td>橙花原精</td></tr>
<tr><td></td><td colspan="2">絲柏</td></tr>
<tr><td>檸檬
檜木
月桂
佛手柑
甜橙
胡椒
茶樹
綠薄荷
胡椒薄荷
白松香</td><td>羅勒
苦橙葉
白松香
檸檬馬鞭草
百里香
澳洲尤加利
玫瑰草
玫瑰天竺葵
薰衣草原精
香茅
山雞椒
甜橙花精油
伊蘭經由
丁香花苞精油
迷迭香
杜松漿果</td><td>快樂鼠尾草原精
茉莉原精
維吉尼亞雪松
阿特拉斯山雪松
岩蘭草精油
廣藿香精油
東印度檀香精油
橡樹苔原精
芹菜籽精油
紅檀雪松
祕魯香脂
安息香
零凌香豆原精
岩玫瑰原精
麝香</td></tr>
</table>

所謂的「開瓶味」是指香水或日化香氛品，在沾附香味或開罐瞬間給人的氣味第一印象，包含了基底原本的氣味以及揮發性較高的香氣，除了必須要能夠直接吸引消費者外，也要能讓消費者對此氣味產生好感，甚至購買該產品。

中音或低音的香氛分子，則是在使用該產品時所揮散的氣味；而屬於低音的精油，在配方中通常具備定香的功效。但，一瓶香水的好壞並不是完全由「是否能夠留香或遮蔽體味」來決定，否則香水的配方每個看起來大概就跟止汗劑、腋下除臭劑差不多了。

對於初學者而言，這樣的規則看似侷限，其實是熟悉原料特性最好的方式。

在配方中加入一定比例的定香元素，使用得當，香氣將能達到迷人的效果；弄巧成拙、失衡，香水有可能沉悶，味道無法揮散，或是整罐都是底調的香氣，浪費了前調與中調的原料。

歸類於低音的原料並不一定都能夠定香，像是橡樹苔原精，本身是因為氣味強度強，所以它的香氣往往能夠持續到底調，但不具定香功效。

香水中常使用麝香作為圓潤香氣甚至定香的原料，主因是麝香對於其他原料香氣的影響最小，並不會因為大比例添加造成失衡的情況，有些定香精油會因為添加比例或配方失衡的緣故，使整體氣味變成中藥五塔散，如：廣藿香原精以及快樂鼠尾草原精。

從音符到和弦：香調

音樂家運用音符組合出悅耳的和絃，不同的和絃能夠創作出風格迥異的樂曲，每一支原料就好比音樂家運用的音符，本身的氣味刺鼻或柔順與否，都無法界定它們的價值。想像一下，當你同時按下鋼琴的八十八個琴鍵，將會是荒腔走板的噪音，這樣的結果就如同沒有充分理解原料的分類與和弦，胡亂以自身喜好而搭配的「嗅覺噪音」，故所謂的和絃對於初學者而言絕對是了解原料特性的必要練習。

這裡的和絃又被稱為香調（Accord），它能是一支簡單的香水小品，也可以是香水配方中的其中一個部分。

接下來，列出六種調香常見的香調：花香調、木質香調、皮革香調、柑苔香調、馥奇香調、東方香調，並且運用東方香調為讀者示範平衡練習，大家跟著操作完東方香調之後，可以繼續進行其他香調的練習。

花香調（Floral）

由一種或多種不同花香所構成的主題。玫瑰香調的主要天然原料有玫瑰原精或精油，玫瑰草與天竺葵能夠增加玫瑰不同的面相，諸如：果香以及金屬綠香，丁香花苞則能讓玫瑰帶出蜜甜。加入大茉莉原精（1%~5%）會呈現出嬌豔、綻放的玫瑰（配方 2）；添加柑橘家族的佛手柑或甜橙花（5% ～ 10%）（配方 3），玫瑰則顯得清爽無比。

基本玫瑰香調／原料名稱	萃取方式／香氛名稱	濃度	氣味強度	配方 1 範例	配方 2 範例	配方 3 範例
玫瑰原精	溶劑	10%	3	50%~80%	60% 以上	50% 以上
玫瑰精油	蒸餾	10%	4	20%	20%	20%
玫瑰草	蒸餾	10%	3	1~10%	3%	3%
波本天竺葵	蒸餾	10%	2	1~10%	5%	5%
丁香花苞	蒸餾	1%	1	5%	5%	5%
大茉莉原精	溶劑	10%	2	X	1~5%	X
甜橙花	蒸餾	10%	3	X	X	5%~10%

| 木質香調（woody）|

以木質香氣為主，通常是由檀香、雪松、廣藿香等原料所調製而成。木質香調大部分會混合香脂的元素，加入少量香草後的木質香調，除了適合用於日化香氛以外，也更能與其他香調搭配良好（例如配方 2 加入玫瑰香調）。

基本木質香調／原料名稱	萃取方式／香氛名稱	濃度	氣味強度	配方 1 範例	配方 2 範例	配方 3 練習
岩蘭草	蒸餾	10%	1	5%~ 10%	5%~10%	
維吉尼亞雪松精油	蒸餾	10%	3	15%~20%	20%	
紅檀雪松	蒸餾	10%	4	20%~30%	30%	
廣藿香精油	蒸餾	10%	2	5%~8%	5%	
安息香	蒸餾	10%	5	10%~30%	15%~25%	
Miaroma 白香草	複方香氛	10%	5	X	5%~10%	

| 皮革香調（Leather）|

皮革香調一如其名，採用的原料特質通常具有煙燻、菸草、木質的特色香氣，搭配上樺木，會予人鞣製過的皮革香氣感覺。使用天然原料來表現，建議最好以木質混合香草作為基底，這樣表現出的煙燻皮革香氣較為討喜。

混合 Miaroma 黑香草（配方 2）後，能夠帶出皮革特殊的煙燻感，也能夠以天然的咖啡原精、香草原精再混合少量廣藿香原精來替代。

煙燻皮革／原料名稱	萃取方式／香氛名稱	濃度	氣味強度	配方 1 範例	配方 2 範例	配方 3 練習
岩蘭草	蒸餾	10%	1	3%~5%	4%	
橡樹苔原精	溶劑	10%	2	2%~4%	4%	
樺木	精餾	1%	1	3%~5%	3%	
維吉尼亞雪松精油	蒸餾	10%	3	30%~40%	40%	
東印度檀香或紅檀雪松	蒸餾	10%	4	30%~50%	40%	
Miaroma 黑香草	複方香氛	10%	5	X	2%~5%	

柑苔香調（Chypre）

由法文的 Cyprus 所衍伸而來。常用的原料有佛手柑、橡木苔、廣藿香、岩玫瑰原精加上花朵類香氣（如玫瑰及茉莉原精）。此香調的由來與命名是源自 1917 年 Coty 所發行的香水「Chypre」。

柑苔調的主成分有佛手柑搭配橡樹苔，岩玫瑰扮演的角色僅是圓潤氣味，非必要。

柑苔調／原料名稱	萃取方式／香氣名稱	濃度	氣味強度	配方 1 範例	配方 2 範例	配方 3 練習
佛手柑	冷壓	10%	4	30~50%	50%	
甜橙花	蒸餾	10%	3	20%~30%	15%	
玫瑰香調練習	配方 NO__	10%	3	1%~4%	15%~20%	
廣藿香	蒸餾	10%	2	3%~6%	5%	
岩玫瑰原精	溶劑	10%	1	X	5%~10%	
橡樹苔原精	溶劑	10%	1	5%~10%	5%	

馥奇香調（Fougère）

在法文中代表羊齒類植物（Fern），主要是由薰衣草、零凌香豆原精、橡木苔所構成，許多男性香水都屬於這個香調。馥奇香調在草本原料的部分，建議可以試著使用真正薰衣草或醒目薰衣草，將能表現出不同風格的馥奇香調。在前調的選擇上，柑橘元素可以使用冷壓萊姆精油、各種松類及杉類精油來替換。在皮革香調的部分，也可以使用木質香調替代。配方 1 為基本的馥奇香調，可以再加上玫瑰香調變化為配方 2，或是加上皮革香調變化為配方 3。

馥奇香調／原料名稱	萃取方式／香氣名稱	濃度	氣味強度	配方 1 範例	配方 2 範例	配方 3 範例
佛手柑	冷壓	10%	4	10%~20%	10%~20%	10%~20%
玫瑰香調練習	配方 NO__	10%	4	X	2%~5%	2%~5%
甜橙花	蒸餾	10%	3	5%~10%	5%~10%	5%~10%
薰衣草精油	蒸餾	10%	3	30%~40%	30%~40%	30%~40%
煙燻皮革香調	配方 NO__	10%	1	X	X	2%~5%
零凌香豆原精	溶劑	Coumarin 含量 30% 以上	2	0.5%~2%	0.5%~2%	0.5%~2%
橡樹苔原精	溶劑	10%	1	5%~10%	5%~10%	5%~10%

| 東方香調 (Oriental) |

有些調香師認為也是琥珀香調（Ambery），主要是由香草或零凌香豆原精以及具動物氣味特質的原料（如龍涎香、岩玫瑰原精），再襯以花香、木質原料所構築而成。一般而言，在前調使用佛手柑，藉此讓整體原本沉重的氣味變得明亮。

東方香調的香水可以繁複如巴洛克般的華麗，透過中後調層疊、並列的香調組合，香氣在時間的催化下，並不會削減，反而會演繹出不同的風情。

初學者若想要練習各種香調的搭配，從東方調開始是最適合的了。除了能夠利用本章節上述香調的配方再加上東方香調的元素，或是以進階原料來練習，都能呈現不同華麗風格的東方調。

下面我們以玫瑰香調、木質香調、以及皮革香調加上進階原料來做為練習示範。

初學者著重在「平衡」與「持香度」的練習，建議初學者一開始調香的設定比例為低音 55%、中音 20%、高音 25%。等到對於各種原料以及香氣的呈現效果都熟悉後，便不需要依照這樣的比例來調香。

下方是簡單的東方調原料建議：
高音 25%：甜橙花精油、白松香精油、佛手柑
中音 20%：大茉莉原精、玫瑰香調、伊蘭精油
低音 55%：香草原精、岩玫瑰原精、木質香調、皮革香調

東方調中主要的重點在於低音，所以我們由低音開始來做練習調製。東方調最重要的元素是香草的甜味與岩玫瑰原精的溫暖動物氣味，再搭配上廣藿香以及東印度檀香等木質香調的元素。

低音的建構

表A　　調製日期：

Base note	No1	No2	No3	No4	No5
岩玫瑰原精	5	6	7	8	
香草原精	5	4	3	2	
總量	10	10	10	10	

註：單位均為 d

我們先取岩玫瑰原精與香草原精進行氣味的平衡，在不同的配比當中選出最恰當的組合。

氣味強度差不多的原料，建議讀者先以 5:5 進行配置，再逐漸增加或漸減比例來調整氣味的平衡。表A的No4中，岩玫瑰與香草的比例為8:2，岩玫瑰的氣味幾乎遮蓋了香草的甜味，所以最恰當的選擇是 No1 ～ No3 之間的配方。

決定岩玫瑰與香草原精的配比後，將組合好的原料再與廣藿香精油以及東印度檀香精油或是直接以木質香調進行調配，一樣再選出氣味和諧的一組。進階變化可以再加入皮革香調加以平衡。

表B　調製日期：

Base note	No6	No7	No8	No9	No10
No1	7	6	5		
木質香調	3	4	5		
總量	10	10	10		

或是

表B　調製日期：

Base note	No6	No7	No8	No9	No10
No1	7	6	6		
廣藿香	1	1	3		
東印度檀香	2	3	1		
總量	10	10	10		

中音的平衡

在調製中音時，可以以玫瑰香調為主搭配少量的伊蘭精油與大茉莉原精。這樣的搭配在底調濃厚的香氣下，一樣能突顯花香帶一點溫暖的特質。如果要將整體香氣變得更加輕盈明亮，不妨提高玫瑰香調中的天竺葵。

表C　　調製日期：

Middle note	No11	No12	No13	No14	No15
玫瑰香調	7	6			
大茉莉原精	2	2			
伊蘭精油	1	2			
總量	10	10			

高音的平衡

高音是最好發揮的部分，原料選擇甚廣、搭配彈性高，也不容易失敗。在此選用白松香精油，主要是提升東方調較沉重的香氣，且讓前調聞起來有自然清新的綠意。甜橙花精油可以讓優雅的柑橘香氣延長到中音階，也能使用苦橙葉精油讓香水增添草本清爽，加入少量佛手柑精油能讓整體香氣更加明亮。

表D　　調製日期：

Top note	No16	No17	No18	No19	No20
甜橙花精油	4				
白松香精油	4				
佛手柑精油	1				
總量	9				

各組成品靜置約一個星期後，使用聞香紙沾取適量香味並寫下對香氣平衡度的評語與記錄，再從各組中選出最滿意的成品。依照建議比例配置即完成基礎的東方香調。

配方示範一

高音 Top note：25%

白松香：2

甜橙花精油：5~8

佛手柑：15

中音 Middle note: 20%

玫瑰香調：14

大茉莉原精：4

伊蘭精油：2

低音 Base note：55%

廣藿香精油：15

東印度檀香精油：20

香草原精：10

岩玫瑰原精：10

註：單位均為 d

配方示範二

皮革香調＋玫瑰

調製日期：

香調名稱／原料名稱	萃取方式／香氛名稱	濃度	氣味強度	劑量 (d)
玫瑰香調	配方 No 2	10%	3	12
岩蘭草	蒸餾法	10%	1	4
橡樹苔原精	溶劑萃取法	10%	2	5
樺木	精餾	1%	1	3~5
維吉尼亞雪松精油	蒸餾	10%	3	20
東印度檀香	蒸餾	10%	5	50
Miaroma 黑香草	複方香氛	10%	4	6

心得評語

樺木的氣味搭上香草木質後，原本像「臭藥丸」的氣味圓潤許多，搭上玫瑰香調，原本以為會很女性化的香氛，卻是意外的呈現中性的感覺。

P.S. 下次想再試試加入白松香或是馥奇香調。

（以下表格可依照需求，影印使用）

調製日期：

香調名稱／原料名稱	萃取方式／香氣名稱	濃度	氣味強度	劑量

心得評語

Chapter 03

斂香

ACQUADI
CIÒ
GIORGIOARMANI
EAU FRAICHE

香水調香 VS. 生活裡的調香

「香水」給人印象是一罐罐華麗精緻的瓶裝，
然而，對於開發中國家的人們而言，
香水的吸引力遠低於洗髮精、沐浴乳、髮妝品……等產品的香氣。
清洗衣服時飄散空氣的清香、
刷牙令人精神為之一振的薄荷涼味、洗碗時乾淨的橘香，
以上這些在功能性產品中的香味，為日常生活增添了許多調味，
相較之下，
香水調香（Fine Perfumery）在現實生活中則要顯得乏味、無趣多了。

這類容易被忽略的香氣——日化香氛（Functional Perfumery），
是所有香精香料公司最重要的研發項目，
每個科學家、化學家、調香師無不絞盡腦汁開發新的創意，
甚至許多這類產品中的香料也會被使用在香水當中。
雖然肥皂、衣物柔軟精、除漬劑、保養品這類用品的香氣並不具備唯美的香水光環，
但卻對我們的生活與回憶產生深遠影響。
對於調香師而言，這類調香工作相當具有挑戰性，
不僅是因為各類基底的化學特性不同，間接侷限了所能使用的香料，
再加上 IFRA 的法規，
使得調香師常需要變出「無米之炊」的魔法。

顧客挑剔的要求、緊繃的預算、香料穩定度的考量，
在這些苛刻的條件下，
日化香氛可說是培養調香師的最佳環境。
「香奈兒五號」的調香師恩尼斯．鮑（Ernest Beaux）出身於香皂產業的實驗室中，
新一代的「尚 ・ 巴度」（Jean Patou）香氣掌門人杜里埃（Jean-Michel Duriez）
在這之前也不斷地在此產業裡修練自己的功夫。

許多香水工業的箇中翹楚無不出身於日化香氛，雅詩蘭黛最受歡迎的香水「歡沁」，
全球最暢銷的男香「寄情水」（GIORGIO ARMANI Acqua di Gio pour Homme）
出自於安妮 ・ 布贊蒂安之手，
他與調製出 YSL 經典女香「巴黎」的調香師都是先從脫毛膏之類的日化香味開始做起的。
此外，創辦了奇華頓調香學校的大名鼎鼎的調香師 Jean Carles，
手下的經典香水不知凡幾，但他最引以為傲的竟是他能用微薄的預算做出華麗的香氣，
不僅能用於香皂中，也能製成大賣的香水。

若說調製香水是耕耘了調香師的深度，
那麼日化香氛的經驗足以紮實地開拓廣闊的視野。
學習原料不同面向的應用，使得調香師更能妙手調香，
帶給消費者更多美好的芳香之旅。

Note. 調製香氛成品的注意事項

1. 較為黏稠的精油或原精，如橡樹苔原精、岩玫瑰原精，可以將原精隔水加熱（約 50 度），待原精呈現流動狀後，取出需要的劑量加入香氛中。若複方香氛中仍有未溶解的香味，同樣可以再隔熱水加熱攪拌（約 50 度）。
2. 調製好的複方香味，請以深色精油瓶盛裝，置於陰涼乾燥處保存。
3. 瓶身外請貼好標籤，寫明：香氛名稱、香氛製作日期。
4. 調製好的香氛需陳置二到三個禮拜，待香氣成熟圓融後，即可放入基底使用。
5. 只要是會接觸到肌膚的香妝品，不管是天然的精油產品或任何保養品，在使用前都需要先進行過敏測試：取一片化妝棉沾附少量香妝品貼於手臂內側，經過 24 小時若沒有引起紅腫、發癢症狀，就代表此產品適用於自己的肌膚。
6. 賦香率：根據基底與香氛配方的不同，所建議的香精添加濃度。例如「賦香率 5%」是指基底 95g、香氛 5g。

香水

傾聽西方香水的時代之音

香氣引領我們走向歷史的深處，開啟廣闊的文明視野，記錄著人類對疾病的抗爭，對神明的虔誠信仰，甚至是人性與商業鬥爭的黑暗面。

早期的基督教會（約西元四世紀）明令禁止使用香料，他們主張修道者應該過著清貧、刻苦與靈修的生活，普遍認為食用辛香料會刺激人們的性慾，使人墮落，而點燃香料薰香則會引來惡魔。後來，當基督教的神職人員提倡以聖經中的文字來解釋教義時，香料就轉變成為來自天堂的恩賜，這樣的宗教觀一度助長了香料對人們的吸引力。自文藝復興後，人們對香料的需求量上升，當時香料貿易仍是掌控在威尼斯商人的手上。中世紀由於缺乏地理位置的概念，歐洲人認為香料的產地即是天堂的所在，而這充滿傳奇的神秘樂園即是所謂的「東方」（orient）。

這壟罩著奇幻色彩的果實，讓當時的西方人願意以天價來換取，於是所謂的「Spice」（香料）原意是指量小而昂貴。香料對於治病、防疫的效果與其帶來的龐大利益，驅使探險家開發新的海上航線，葡萄牙、西班牙還有歐洲新興的海上強權國家，無一不覬覦這來自天堂的黃金。最後，歐洲成功打開了剝削西印度群島與美洲大陸的大門，不僅改寫了世界飲食史，香水的元素也進入新的篇章。

十八世紀開始，不輕易洗澡的歐洲人，終於不再視「體味」為健康的表徵。他們開始建造公共澡堂，也使用香氛製品，從此香水的使用逐漸從預防疾病的藥用功能轉變為遮蔽體味的美化功能。隨著第一支古龍水橫掃歐洲，貴族與富豪紛紛投資香水產業，格拉斯溫暖的氣候，有利於栽植各式香草植物，也讓該地演變為香水重鎮。隨著萃取技術日新月異，溶劑萃取法與合成技術的發明則奠基了現代香水的發展。

十九世紀以降，西方香水的演進可說是反映了不同年代的精神，埋藏著豐富的人文歷史。下次，當你開啟屬於媽媽或祖母那個年代的收藏時，不妨閉上雙眼仔細聆聽屬於那個年代的音韻。

鐵達尼號的沉沒似乎預告了這個陳舊保守、井然有序的年代即將落幕。在第一次世界大戰前夕，女性的解放呼聲達到最高點。一次戰後女性褪去裙裝，梳起俐落的髮型，從家庭走入社會。1918 年德國女性為自己爭取到投票權，在那樣解放的氛圍下，加入中性元素一掃百花競豔的「蝴蝶夫人」應聲問世。蝴蝶夫人（Mitsouko）是嬌蘭在 1919 年發行的西普（Chypre）香水，巧妙地融合了橡樹苔（當時仍使用於男性香水為大宗）與清透的果香。

後十年的機械年代，帶點「不自然」元素的香水才是此年代的寫照，香奈兒女士的一句話：「我的香水要聞起來帶點『人工』。」混合脂肪醛類的香奈兒五號一時蔚為主流，並開創了香水中的「醛香調」分類。1930 到 1940 年代，香水市場燃起復古風潮，融合花香與火辣濃烈的東方調*7，反映了當時人們呼之欲出的叛逆慾望與日益高升的自我意識，看看溫莎公爵棄江山愛美人的驚世之舉，還有 Dana Tabu 香水問世時所繪製的海報*8，不正是這類香調的最佳代言品嗎？！

*7：隨著十九世紀貿易市場的自由化，香料的供給逐漸大於需求，應聲而跌的價格，使得各式香料逐漸普及，成為民間一般的調味料。不過，承襲歷史中「催情」與「奢靡」意象的香料，在十九世紀法國調香師的巧手混合下，結合動物香料與香草、香脂或木質與柑橘原料，香調濃郁、豐富迷人，成為香水分類中的「東方調」，普遍被視為神秘而奢華、性感而挑逗的香調。

*8：Tabu 上市時的海報所繪製的是男教師與女主人之間的曖昧，下方文案寫著 "Does this mean I won't have to pay for lessons anymore？"）。

第二次世界大戰爆發，戰爭所帶來的巨大衝擊，讓歐洲的奢華在一夜之間如煙火般銷聲匿跡，在嚴格的戰時配給制度下，各式服裝轉為樸素。二戰結束的第二年，時尚如冰消雪融後吐露的春意，束腰與裙撐如同春天綻放的花朵，清新的香水如枯枝上的萌萌生機，一掃大戰時期的陰霾。此時所推出的香水像是 Ma Griffe、Miss Dior 花香裡的蔥鬱、刈草的清新，無一不是以香氣鋪展出春意盎然的景象。

隨著五〇年代搖滾樂的風行，靈活大膽的表現形式和激情的音樂節奏感，將香水從「內斂的含蓄」推向直接感官的刺激（例如融合動物香調與大量花香的「Youth Dew」）。六〇年代後，披頭四實驗性的音樂狂潮則將這股狂熱拋向設計師——不再強調曲線，而是渴望身體和精神的雙重解放，如同此年代的香水一樣，飛揚輕快的花香、歌詠青春熱情的辛香料與香脂調（Fidji by Guy Laroche）。此後，香水產業就如同披頭四多變的音樂風格，隨著合成技術的純熟與優勢，香水的風向球倏忽多變，市場上同時可見年輕優雅的香氣（香奈兒十九號）與鎏金迷醉的嬉皮風格（鴉片香水）。

近半個世紀以來，香水業幾乎由大廠壟斷，香水的香氣從調香師手裡轉由化學家調配，新原料的發明競技、機器取代人工創作、模仿成了趨勢下的默契。但我在此不禁提出質疑：如果一百美元的香水，扣掉包裝、行銷、通路的成本之後，其香氣原料成本僅剩一美元不到，那麼這個十年甚至是下個十年，我們如何期盼讓香氣引領我們重新聽見時代的聲音？！

東方文化裡的香氣：茶

十六世紀中葉的大航海時代，中國並未缺席，胡椒與辣椒等各式香料也隨之傳入，但卻僅在飲食與藥用發揚光大。雖說中國古代在用香的普及程度並不輸給當時的歐洲，技術上也已有蒸餾得來的花露，不僅用於香水，也會加入菜餚。可惜的是，西風東漸，在欠缺商業化與工業技術的前提之下，中國古時的香道便逐漸式微了。

上個世紀八〇年代，西方意欲在中國擴大香水版圖，卻不得其門而入，原因出自於此類香氣對於東方人而言太過濃烈。直到中國時尚產業全盤西化後，西方香水才備受追捧。而今，扣除名牌的光環效應，亞洲市場所熱賣的香型仍屬茶香調和清淡的香氣為主。

對於香氣喜好的不同，也突顯了「香文化」的差異性。茶在歐洲貴族的宮廷中屬珍奇玩意兒，但卻不比咖啡或巧克力的香濃迷人。反之在茶的原鄉——中國，詩人墨客視茶水為精、茶香為氣、茶葉為神，這清淡的茶香不知是多少文人的謬思。唐朝陸羽愛茶，為其寫了《茶經》，言茶之原、之法、之具尤備。如果說墨的型態腴美了中國的字與畫，茶則澆灌了無數文人的精神思想。北宋蘇軾一生嗜茶，司馬光與他有過一段所謂的「墨茶之辯」，司馬光曰：「茶欲白，墨欲黑；茶欲重，墨欲輕；茶欲新，墨欲陳，君何以同愛此二物？」蘇軾回答：「二物之質誠然，然亦有同者。」（因為這兩者都很香啊！）

當寫著「茶（tea）」*[9]字樣的香水透過行銷來到了亞洲，同樣受到宋代所傳承的茶文化影響的日本與中國、台灣無不對其趨之若鶩，全因這熟悉的香氣喚起我們深處的共同記憶。寶格麗、雅頓在亞洲所締造的「茶」系列銷售奇蹟，正說明了香水冠上茶香後，似乎就能令我們增添幾分購買慾。

*9：與我們慣喝的茶有所不同的是，茶香在西方香水中主要分有兩類：一類是在亞洲狂賣的柑橘草本（像是雅頓綠茶、寶格麗綠茶），而另一類則是辛香料添加香草之類的甜香。
但不論是哪一種，由於中西文化的隔閡，這些茶香調似乎都少了文人騷客所認為的「精、氣、神」。有些茶香水過於甜膩還帶著粉香，十足西式午茶風格，早已脫離東方文化裡山清水秀，伴著縷縷茶香的文人意象了。

|極簡香水大師的東方美學|

愛馬仕御用調香師尚－克羅德．艾連納（Jean-Claude Ellena）的香水銷售主要以亞洲市場為主，相較之下，在香水文化起源地歐洲的銷售量卻不甚亮眼，這也說明了亞洲市場偏愛清淡的寫意香氣。尚－克羅德．艾連納的香水，除了香氣符合東方人的喜好外，他一貫的調香方式「精簡調香原料、化繁為簡，將大自然的元素化為抽象符號，用以表達他的所見、所聞與心情」，不也正是西方香水與東方美學的完美融合嗎？！

在中國文學中，文人的情緒與意念化做各式植物，以文學的形態被保留了下來。在西方被視為價比黃金的香料，換到東方則跳脫出物質成了抽象的精神符號，火辣的丁香化作繞指柔，成為中國詩人比喻情愁的默契，宋詞《眼兒媚》寫著「相思只在，丁香枝上，豆蔻梢頭。」。

學習調香的那段日子，每每聞著尚－克羅德．艾連納的香水時，幽微的冷香，在詩句裡、香水瓶中嫣然搖動，引人入勝，令人直欲跟隨尋香，只為一探那香氣裡老者江邊垂釣，飄逸瀟灑的景象。

| 茗香水 Mor tea |

「Mor tea（墨茶）」這案子，討論了一年才將主題定案。我並沒有使用來自格拉斯的玫瑰或特定茉莉花田的原料，也不是仿造知名香水的安全牌，畢竟以上這些經常出現在電視裡的景物，對多數人而言未免過於遙不可及。香氣的印象應該來自於對家鄉的眷戀、文化的記憶與土地的情感，而非陌生的地名與珍奇的原料。

遠在歐洲求學的友人，曾託我寄些茶葉過去。在異鄉的求學生活，讓他更懷念家鄉的陣陣茶香，他告訴我茶是故鄉濃阿！當這濃郁的思念轉為清淡的茶香，我在香水中放入了生長於高山雲霧中的金萱茶，清靈洋溢、飄而不雜的花香，透著溫暖的奶韻；放入一點香豆素，是大片已經結穗的稻田，循著氣味，微風輕拂過回憶的長廊，吹過曬衣的竹竿，啪搭、啪搭地吹起沾染在潔淨床單上的陽光氣息；放入一點檜木氣息，母親在後頭收拾著衣服，「嘎～啦」打開櫃子，一陣檜木清香襲來，久久不散，房裡的我端正而坐，一筆一劃盡是濃郁的墨香記憶。

美學大師蔣勳曾說：「許多人試圖保留歷史，以各種方式收存視覺和聽覺的記憶，但嗅覺其實是更貼近真實的一種記錄。」Mor tea（墨茶）的取材來自我們對「墨 」、「茶」的嗅覺記憶，包含了文化的溫度與鄉愁情懷。茶香屢屢墨香濃，依循氣味叩開朱紅門扉，鏽蝕的銅環依稀留有餘溫，不妨坐下獨啜淡薄的茶香，翻閱散發墨香的詞卷。

Note. 墨茶

杉、檜木、乳香

金萱茶

墨（龍腦、穗甘松、香豆素）

臨摹香水

不同於其他產品，香料在酒精中幾乎不會出現排斥，所以對於調香師而言，香水的複雜性最低，但也因此更要求對原料的嫻熟與香氣的審美。透過臨摹，不論是藝術學院的學生或是調香師學徒，都能在過程中觀察大師的筆觸、用色、構圖，進而精進技巧。前人已杳，他們的作品穿越悠悠歷史，成了每個學徒的必學經典，每一次的嗅聞學習，就好比大師親自教授我們該如何搭配與運用香味。

模仿是必經的學習之路，如同尚－克羅德．艾連納拜師 Edmond Roudnitska *10門下，作品風格明顯從早期的濃妝豔抹、裝飾繁贅，轉變為如今的極簡香水詩人，艾連納的風格不似 Edmond Roudnitska 師法自然，而是將自然化為符號詮釋出自我風格。藝術可以互相借鑑與學習，甚至可以是對大師的致敬，也許不一定全部出自原創，但可以在前人的基礎上革新與改良，再加入自己的詮釋與觀點。

*10：70 年的職業生涯裡，Edmond Roudnitska 僅調製了十七款香水。他的大半生都致力於使香水藝術化，他所提出的概念，香氣的「形狀」與「抽象型態」影響後代調香師深遠。1956 年 Dior 的 Diorissimo 在現代儀器的分析下，證實他與鈴蘭頂空分析的結果幾乎吻合。每年花季，他必定捧著鈴蘭花在工作室裡研究，這氣味遊走在玫瑰、茉莉之間卻更水漾綠意，狀如小巧鈴鐺的花朵，Edmond Roudnitska 費了七年時光才成就 Diorissimo 這支作品。

香水調製步驟

準備材料

a 透明玻璃燒杯、a 玻璃攪拌棒、b 深色精油玻璃瓶
c 香水酒精
d 精密磅秤以及滴管（若使用滴管計量、1d 約等於 0.02g、1g 約等於 50d）
e 依照配方準備原料以及計算劑量

a

b

c

perfume
Alcohol

d

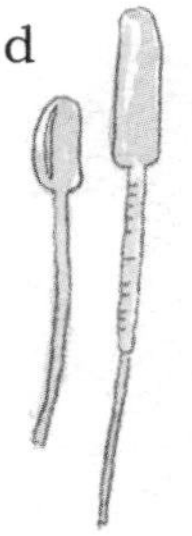

d

65

e

製作香水步驟

Step 1

依照表中配方，將原料在玻璃燒杯中混合均勻，若有固態難溶解的原料如岩玫瑰原精、鳶尾花根原精、橡樹苔原精，可將燒杯隔熱水加熱攪拌（約 50 度），均勻融解後即可取出。

Step 2

在燒杯中依照香水濃度加入香水酒精。

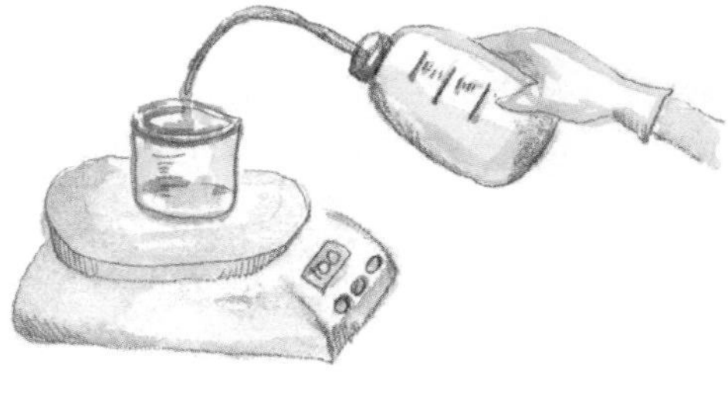

Step 3

使用玻璃棒攪拌均勻後，倒入深色玻璃瓶。

Step 4

將成品靜置於陰涼處約二至三個星期即可使用。

香水濃度 EDP 或 EDT？

針對香水濃度，讀者能夠依照自己的喜好來調整。一般市售香水所列出的標示，如 EDT、Parfum 等等，每家香精香料公司的濃度都不同，美國的香精公司在 EDT 濃度上會比歐洲濃上許多， 這與使用香水的方式息息相關，因為美國民眾習慣噴一次香味就維持一天，而歐洲的民眾則會在一天中多次補噴香水。

一般常見的濃度有：

香精（Parfum）**含香料的濃度大約在** 20% ~ 30%

香水　EDP（Eau de parfum）**含香料的濃度大約在** 12% ~ 20%

淡香水 EDT（Eau de Toilette）**含香料濃度大約在** 5% ~ 12%

古龍水 EDC（Eau de Cologne）**含香料濃度大約在** 2% ~ 5%

清淡香水（Eau Fraiche）**含香料濃度在** 1% ~ 3%

調製香水時，通常會等到配方確定，才會決定最適合的香水濃度。不同濃度但名稱相同的香水商品，指涉的不僅是含香料濃度的不同，在配方以及產品香氣上也會有所差異。

香氛配方

嬌蘭風格：姬琪香水

臨摹香水，建議從嬌蘭家族的作品開始著手，不只是因為嬌蘭家族創辦了享譽國際的香水學校*[11]，更是因為他們的作品對後世香水有著深遠的影響。嬌蘭每一代的調香師，他們的作品就像是一扇窗口，帶領你體驗古老的愛情故事（Shalimar）、漫步秋日落葉的林裡（Vetiver），或是登高靜觀日暮時分的蒼穹變化（L' Heure Bleue）。

姬琪香水（Jicky by Guerlain，1889）的問世，樹立起嬌蘭香水的一貫風格——清新絕倫的柑橘配上濃郁性感的東方調，甜美卻個性十足，也讓香豆素（coumarin）與香草素（vanillin）的結合，成了後世柑橘草本香調中的常客。因為這支香水，從此調香師的地位從小販商人搖身變為藝術家。在姬琪之前，香水僅有乏味單調的元素，光從香水瓶身的標示就能猜透其中的香氣（那時的香水，瓶外若寫著茉莉，毫無驚喜與意外地，你只會在香味中聞到單純的茉莉花香）。而姬琪香水的重要性是，它遊走在天然與合成間，創造出豐富的變化，完美融合了花香、清新、辛香、東方調、動物不同的面相。

*11：法國國際高等香料學院（ISIPCA）在國際間有著「調香師搖籃學校」的稱號，由嬌蘭香水世家第三代傳人所創辦，歷史悠久，培育了無數知名的調香師。

姬琪香水當時在三音階上所羅列的原料如下：

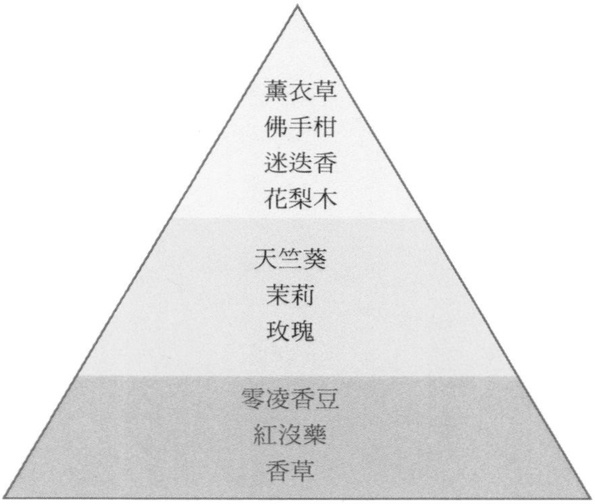
薰衣草
佛手柑
迷迭香
花梨木
天竺葵
茉莉
玫瑰
零凌香豆
紅沒藥
香草

讀者若想重現姬琪的香氣，上述三音階上的成分僅供參考。普遍而言，香水在三音階所列出的成分只代表「香水所呈現的香味」，而非「內含原料」。要想呈現姬琪既甜美又個性的豐富香氣，建議可參考下面的配方來調製。

接下來，我們使用天然精油做出近似姬琪香水的味道，濃度建議：10% ～ 15%

取 1g ～ 1.5g **的成品加入** 8.5g ～ 9g **的香水酒精，即為建議的濃度**（10% ～ 15%）

原料名稱	原料濃度	劑量（g）
檸檬精油	100%	0.4
（FCF）佛手柑精油	100%	3.3
甜橙花精油	100%	0.7
甜橙精油	100%	0.7
龍艾精油	10% in ALC	0.5
醒目薰衣草精油	100%	0.6
大茉莉原精	100%	0.8
玫瑰原精	100%	0.7
波本天竺葵精油	100%	0.36
紅沒藥	100%	0.36
零凌香豆原精	Coumarin 30% 以上	1
鳶尾花根原精	鳶尾酮 15% 以上	0.14
東印度檀香精油	100%	0.3
廣藿香精油	100%	0.14
麝香葵種子精油	100%	0.2

香氛配方

東方元素與香水：鴉片 Opium

1970 年代的時尚圈掀起了一股東方熱，異國情懷與華麗素材在伸展台上屢見不鮮，這樣的視覺衝擊與東方意象也延燒到了香水產業。在「Opium」（鴉片）的設計過程中，Saint Laurent 希望團隊能夠做出讓他聯想到中國皇后的設計，不過那時的西方人還不大清楚中國、日本以及其他東南亞國家的區別在哪，最後 Opium 的第一個版本 Parfum 所採用的設計神似中國漆器，外觀樣式卻採用了所謂的日本印籠（Inro）。

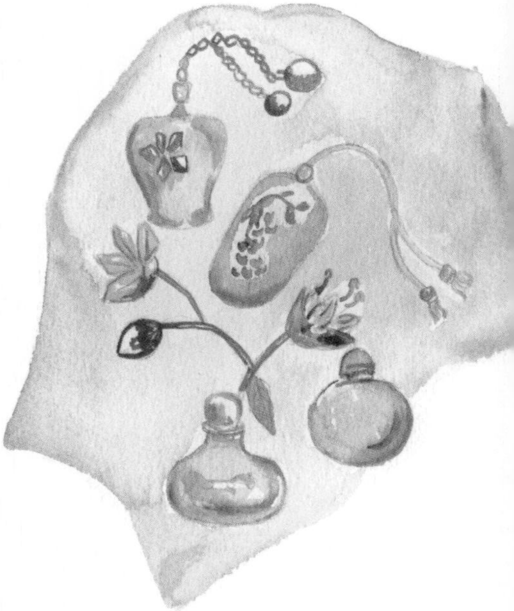

Note. 印籠

是日本武士隨身攜帶的藥盒，小巧精緻，兩端繫有繩子，華美無比。雖然 YSL 在設計上血統並不完全承襲中國文化，倒是，尚・巴杜（Jean Patou）的香水「1000」原汁原味採用了中國鼻煙壺的設計。

許多香水評論家會將 Opium 與 Tabu、Youth Dew、Shalimar 相比較。也許 Opium 並不是第一支加入東方調元素的香水，但卻開創了一個嶄新風格——花香東方調（Floriental），更多的康乃馨、橙花、伊蘭與辛香、香脂交融，細膩層疊，在嗅覺的光譜上濡染出柑橘與東方花香調，清新濃烈各異的筆觸。Opium 發行後，也掀起了香水產業另一個十年的復古風潮*12。

*12：Opium 一掃當時的主流——清新西普（Chypre）與柔軟醛香，讓東方調再次風靡流行。此後，市場上陸續出現在東方調佔重要地位的作品，如 Coco、Poison、Boucheron Femme 等等。

接下來，我們使用天然精油做出近似 Opium 香水的味道，濃度建議：15%

取 1.5g 的成品加入 8.5g 的香水酒精，即為建議使用的濃度 15%。

原料名稱	原料濃度	劑量（g）
（FCF）佛手柑精油	100%	0.5
甜橙精油	100%	0.3
花梨木精油	100%	0.4
芫荽種子精油	100%	0.02
玫瑰草精油	100%	0.4
波本天竺葵精油	100%	0.3
Miaroma 花漾	100%	0.02
伊蘭精油	100%	0.25
桂花原精	100%	0.02
鳶尾花根原精	鳶尾酮 15% 以上	0.6
丁香花苞精油	100%	0.3
岩蘭草精油	100%	0.05
岩玫瑰原精	100%	0.3
紅沒藥	100%	0.4
橡樹苔原精	100%	0.3
廣藿香精油	100%	0.5
零凌香豆原精	coumarin30% 以上	0.9
玫瑰原精	100%	0.5
大茉莉原精	100%	0.6
Miaroma 經典岩蘭	100%	0.9
東印度檀香	100%	1.3
麝香葵種子精油	100%	0.6

香氛配方

Chypre de Coty 1917 by Coty

說到「Chypre de Coty」這罐香水，相信香水迷們應該不陌生吧？！柑苔調中最著名的香水，它並不是第一罐使用「橡樹苔」或是使用「Chypre」名字的香水，但它卻是第一罐馴服了橡樹苔這難纏香料的香水，「Chypre de Coty」讓 Chypre 這香調變得穿在肌膚上不顯得突兀卻清爽，如同秋天的樹林，涼風夾雜著苔蘚與木頭的香味。Chypre 的命名是以法國的小島 Cyprus（塞浦路斯）為名，塞浦路斯小島是愛神阿芙蘿蒂特的誕生地，也是香水貿易的重要據點，島上以製作加了橡樹苔粉末薰香的皮革手套聞名。

此款香水的組合——清新的柑橘搭配低沉渾厚的苔蘚與岩玫瑰——並非原創，而是源自古羅馬時代的配方，若說 Francois Coty 是調香奇才一點也不為過，他將這配方再加上了皮革的合成原料與新的花香，調製出翠意輕靈的花香與粗礪沉滯完美共存的香調，對比鮮明，就算是今日早已聞慣各式香氛的現代人，仍然會為此感到驚艷。

接下來，我們使用天然精油做出近似 Chypre 香水的味道，濃度建議：5% ～ 8%

取 0.5g ～ 0.8g 的成品加入 9.2g ～ 9.5g 的香水酒精，

即為建議使用的濃度 5% ～ 8%。

原料名稱	原料濃度	劑量（g）
（FCF）佛手柑精油	100%	22
甜橙精油	100%	2
山雞椒	100%	0.2
檸檬	100%	1
大茉莉原精	100%	3
金合歡原精	100%	0.6
鳶尾花根原精	鳶尾酮 15% 以上	4
玫瑰精油	100%	4
橙花原精	100%	0.4
白玉蘭葉精油	100%	7
Miaroma 白香草	100%	3~5
橡樹苔原精	100%	6~9
零凌香豆原精	30% coumarin 以上	10
安息香	50% in ALC 或 DPG	4
岩玫瑰原精	100%	5~10
廣藿香精油	100%	5
岩蘭草精油	100%	0.4
東印度檀香精油	100%	4
丁香花苞精油	100%	0.6

香氛配方

風華絕代：香奈兒

「香奈兒 No.5」不僅成功地將香水與時尚結合，也造就眾多精品名牌爭相跨足香水領域。

這支創下每 30 秒就賣掉一瓶記錄的香奈兒 5 號香水，創作起源不過來自香奈兒女士的寥寥幾句描述，她想要一款香水聞起來像是夏天的花園，但不要過多的玫瑰、鈴蘭，香味不要過於天然，允許帶有人工斧鑿的痕跡。當時的調香師恩尼斯．鮑（Ernest Beaux）將成品簡單地以 1 到 5 號、20 到 24 號命名，讓香奈兒女士從中選擇她所喜歡的氣味，並再做進一步的修正。

香奈兒 5 號的原料，除了來源講究，價格也不斐，原始的版本包含了大量的天然原料：來自格拉斯的茉莉、五月玫瑰以及伊蘭，底調則是大比例使用麝香、靈貓香……等動物性原料。當時恩尼斯．鮑建議香奈兒小姐提高配方的成本，讓香水無法被其他調香師模仿重製，於是加重了格拉斯茉莉原精的比例，但卻讓香水產生了變色的問題。為了克服這個問題，恩尼斯．鮑採用較一般規格更昂貴的脫色茉莉原精。顏色問題固然克服了，只是高比例的格拉斯茉莉原精讓整體氣味過於圓融，失去了顯著的特色與個性。

為了改善這點，恩尼斯．鮑想了以下三個方案：

方案一、增加橡樹苔的比例，但整體香氣會變髒並帶鹹味。
方案二、增加香草的比例，卻會讓香水變得太像甜品（這是香奈兒女士所不樂見的）。
方案三、增加脂肪醛類的比例。

恩尼斯．鮑最終採用方案三，增加脂肪醛的比例到 1%（通常配方中所使用脂肪醛的濃度約是千分之一，再依照香水的濃淡調配後，比例約為萬分之一）。

香奈兒 5 號的成功，讓許多調香師注意到脂肪醛這支原料，也在業界謠傳起了這段故事：香奈兒 5 號中過量的脂肪醛，是因為調香師助理誤解了恩尼斯·鮑的意思而誤加了十倍劑量。但根據恩尼斯·鮑家族的說法，誤放十倍劑量的故事只是謠傳，原本的配方就是這個劑量。假設香奈兒 5 號只放了謠傳中十分之一的比例，那麼原本百花綻放宛若春之頌般的感覺就會消失了，醛類不僅讓花朵如百花般綻放，還充滿了躍動的生命力。

接下來，我們使用天然精油做出近似香奈兒 5 號香水的味道，濃度建議 12% ～ 15%

取 1.2g ～ 1.5g **的成品加入** 8.5g ～ 8.8g **的香水酒精，**

即為建議使用的濃度 12% ～ 15%。

原料名稱	原料濃度	劑量（g）
Miaroma 花漾	100%	5
（FCF）佛手柑精油	100%	10~15
甜橙花	100%	2~5
五月玫瑰精油	100%	10
五月玫瑰原精	100%	15
大茉莉原精	100%	25
鳶尾花根原精	鳶尾酮 15% 以上	3
岩玫瑰原精	100%	2
零凌香豆原精	30%coumarin 以上	5
Miaroma 白香草	100%	2
安息香	50% in ALC 或 DPG	8
橡樹苔原精	100%	4
東印度檀香精油	100%	5
海地岩蘭草	100%	1

香膏

舊約中的聖香

3300 年後的今天，當考古學家開啟埃及法老王圖坦卡蒙的陵墓時，一抹幽香從那曾經裝滿香膏的陶罐中飄散而出，充斥著整個墓室。

在《舊約聖經》的《出埃及記》中，上帝命令摩西：「你要取馨香的香料，就是拿他弗、施喜列、喜利比拿*13；這馨香的香料和上淨乳香，各取相同的分量。你要用這些加上鹽、按做香之法製為清淨聖潔的香……。」此外，當中也記錄了使用肉桂與丁香所製作的聖膏油，關於聖香以及聖膏更明確記錄了使用方式，以上這些神聖的芳香製品只能用來敬拜耶和華神。

香膏的歷史比香水更為悠久，那芬芳意味著與神靈的貼近。許多宗教儀式都會點燃香料，讓散發的香氣營造出信仰的氛圍，也讓參與的信眾們感到舒暢與愉悅。現代，此風已杳，香膏從高高在上的神壇走進尋常生活，成為市井小民都能使用的芳香小物，卻不及香水普遍。倘若你不愛擴散力強的香水，香膏是較佳的選擇，它的芬芳只有近身於你的人才能感受。

*13：拿他弗為蘇合香，施喜比列則提取自軟體貝殼，喜利比拿為白松香。

香膏調香

香膏調香比起香水更為簡單，不需要考量定香的問題，因為植物油、蠟以及固態植物油（又稱 fixed oil），本身就有定香效果。膏狀的基底除了能隱藏調香的缺點，也能讓香氣更為溫潤和諧。

香膏原料的組成一般分有固態與液態，固態主要是增加硬度，材料有蜂蠟、堪地里拉蠟或其他固態油脂（乳油木果脂、棕櫚蠟等）；液態則多半為植物油，避免選用容易酸敗的油脂，採穩定性高的荷荷芭油，少量的甜杏仁油則能增加香膏塗抹時的延展性。凝香體與花蠟也能用來製作香膏，除了代替配方的固態蠟以外，本身的香味也能用於調香。便宜的茉莉花蠟拿來製作香膏，低量就能夠有茉莉的香味，是初學者容易入手的材料。

香膏調製步驟

準備材料

a 蜂蠟 5g（或以部分花蠟替代）、b 乳油木果脂 10g 、
c 荷荷芭油 15g、d 複方香氛 1.5g~2g

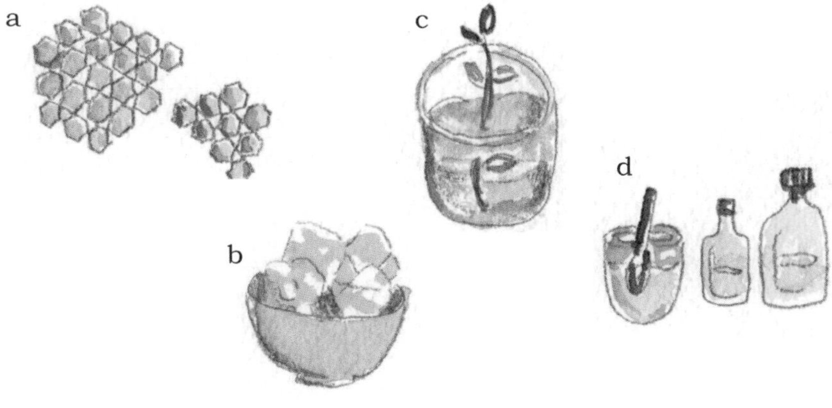
a
b
c
d

製作香膏步驟

Step 1

將材料置入燒杯隔水加熱溶解，並使用竹筷或小湯匙攪拌，均勻融解後即可離火。

Step 2

加入香氛約 1.5g~2g 至燒杯中，拌勻。

Step 3

倒入香膏盒中，靜置待涼，即可使用。

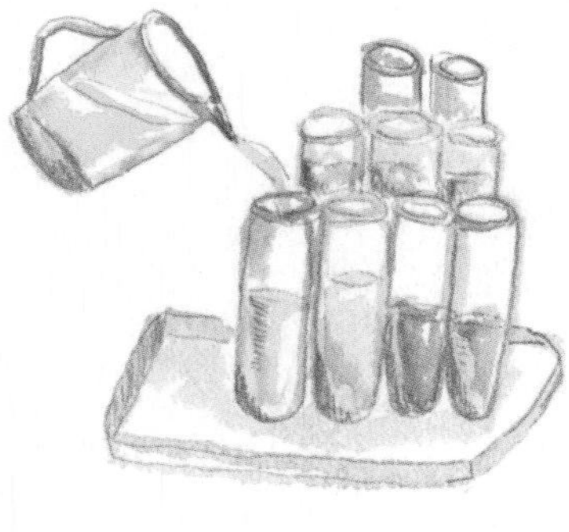

香氛配方

森之茉莉

雨後，漫步在花園的小徑中。
感受
泥土上的青苔、
杉的綠意
還有那隨風婉轉飄送的茉莉花香。

森之茉莉

調製日期：
賦香率：香青 5%

原料名稱	原料濃度	克數／滴數
西伯利亞冷杉精油	100%	1g
綠薄荷精油	100%	4d
白玉蘭葉精油	100%	6g
Miaroma 月光素馨	100%	2g
東印度檀香精油	100%	0.2g
橡樹苔原精	100%	5d

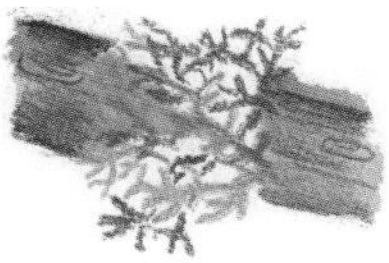

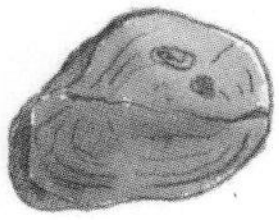

香氛配方

異國風情

茴香輕快的氣息，
一掃木質的沉重，
清新辛香
交織
濃郁的伊蘭與薰衣草，
散發著慵懶的中性芳香

異國風情

調製日期：
賦香率：香膏 5%

原料名稱	原料濃度	克數／滴數
伊蘭	100%	5g
真正薰衣草	100%	5g
甜茴香	100%	25d
大西洋雪松	100%	3g
波本天竺葵	100%	2g
維吉尼亞雪松	100%	2g
橡樹苔原精	100%	0.7g
岩蘭草	100%	0.5g
安息香	50% ～ 70% 安息香樹脂含量	5g
廣藿香	100%	0.8g

香氛配方

冥想

療癒系的寧和芬芳，
香草的溫暖搭上柑橘木質香氣。
一種相思，兩處閑愁，
誰說此情無計可消除？

一抹，香氣襲上心頭，
愁緒即下眉頭。

冥想

調製日期：
賦香率：香膏 3%～5%

原料名稱	原料濃度	克數／滴數
甜橙花	100%	3g
波本天竺葵	100%	1g
甜橙	100%	2g
伊蘭	100%	0.4g
廣藿香	100%	1g
岩蘭草	100%	10d
薑精油	100%	10d
檸檬香茅	100%	2.4g
香草原精	100%	2g

香氛配方

柚花飄香

潔白的柚花襯著油綠的葉片，
三月的春日裡，
那香氣迎面拂來
勾動城市裡的鄉愁。

柚花飄香

調製日期：
賦香率：香膏 5%

原料名稱	原料濃度	克數／滴數
（FCF）佛手柑精油	100%	2.7g
甜橙花精油	100%	3g
綠薄荷精油	100%	2d
伊蘭伊蘭	100%	15d
Miaroma 白柚精粹	100%	3g
Miaroma 月光素馨	100%	1g

手工皂

SOAP
100g
PURE
100g
PURE
SOAP

肥皂源起

植物木材燃燒後的灰燼，混合動物脂肪，形成了早期的肥皂。十七世紀基督教將「潔淨」的概念視為接近神的方式，透過清潔與洗滌將「罪惡」的氣味從身體除去，肥皂的「淨化」意義從外在延伸到了內在。

肥皂真正地開始普及於民間，是直到工業革命之後，當時的人們懼怕無所不在的污染與細菌，相信藉由肥皂的清潔與香味，能夠達到所謂的「隔離」效果。清潔殺菌之餘，有「香」肥皂成了上流社會彰顯身分的方式（在當時若無一定的財力，勢必無法負擔每天以熱水沐浴的開支），洗澡只是附加價值，香皂沐浴後在身上所留下的馨香，才是當時貴族所欲達到的目的，畢竟無形的香氣就是一種對地位與財力的最佳宣傳管道。

香氛與肥皂

從基本的洗滌功能發展為社交手段，有商業頭腦的製造商開始將肥皂賦予各式各樣的香味，此舉同時影響了香水的歷史，「香皂味」（soapy）一詞因而衍伸。

真正讓「香皂味」定型的香水，可得歸功於香奈兒 5 號的問世。在此之前，肥皂聞起來仍是帶有濃厚的鹼味以及微弱的香氣，但因為香奈兒女士的一句話：「我的香水要讓女人更加女人，而不只是大量玫瑰鋪疊的香氣」，促使當時的調香師恩尼斯 · 鮑使用了混合脂肪醛類（C10、C11、C12），賦予香水前所未有的「潔淨感」。

香奈兒 5 號一上市便瞬間風靡歐洲，肥皂製造商也從中「嗅」到了商機，他們在肥皂的香味裡加入脂肪醛類與大量花香，讓消費者在選購時能立即聯想到「香奈兒 5 號」，此後，「香皂味」便與脂肪醛類及花香的混合香氣劃上等號了。「潔淨感」與「香皂味」之流的芳香不僅席捲了整個市場，連帶高級香水也跟著蹚這芬芳，像是尚 · 巴杜所推出的喜悅（Joy by Patou），讓消費者擦上後如同剛洗了奢華的玫瑰花瓣澡。

模仿一直存在於功能性產品與香水之間，大膽創新為品牌樹立自己的獨特香味，當推「多芬」為首。在當時仍是花香、醛香當道之下，多芬推出了自己的香氣肥皂，像是添加了鳶尾根酮，讓肥皂香氣柔順而優雅，還有以麝香取代花香的產品。多芬的一戰成名，讓今日許多人聞到這類麝香時，直想到沐浴後的舒爽香氣。

手工皂調香

除去視覺效果的包裝設計與文字行銷，香氣可以說是女性消費者決定是否購買該款肥皂的重要關鍵。在 DIY 手工皂潮流的風行之下，以天然精油為手工皂賦香，比香水的技術難度更高，除了要考量鹼性環境以外，還有晾皂期的考驗。坊間製作手工皂者通常會購買芳香療法書作為調香時的參考，但兩者的基底與調香方式相去甚遠，分析如以下：

芳香療法與調香

芳香療法以植物的精萃，如植物油、精油、原精、純露，依照個案身心以調配出對應配方。使用方式以不破壞植物成分的前提下達到最完整的療效，但當精油使用在手工皂中時，所要考量的因素將更為複雜，下面表格清楚列出兩者的差異。

	芳香療法 Vs. 精油	手工皂 Vs. 精油
基質特性	多為植物油基底。 植物油與大部分芳香分子的相容度佳，並不會引起芳香分子產生水解或裂解之類的破壞。	鹼性基底。 鹼性環境中芳香分子穩定性差，酯、醛、酮、醇易被破壞。
生理療效	精油生理療效取決單一芳香分子的研究，如：沈香醇（存在於花梨木、芳樟、百里香精油中）證實具有鎮定、抗菌等功效。	芳香分子於鹼性環境中易被破壞，療效不如將精油稀釋在植物油中塗抹。故無法宣稱香皂具精油的療效（消炎、緊膚、抗痘等等）。
心理療效	嗅覺是人類連結記憶和情感最緊密的感官，所以不一定只有精油的香氣才能達到安撫情緒的功效，情人身上的香水味、家的味道都能勾起我們情感記憶，進而達到療癒的效果。透過調香，沐浴時沉浸在怡人的香氛中，不也是一種情緒芳香療法？！	

皂香的功能與選材

傳統肥皂工業的賦香率（賦香率是指香氣添加於基底中的比例）為0.6% ～ 2%，DIY 手工皂則為 1% ～ 5%，賦香比例的不同取決於香味成分與強度的差異。

選用精油或原精製作手工皂，請留意以下注意事項：

1. 香氣必須要能遮蔽皂體本身的油味與鹼味。
2. 若香皂本身有顏色的考量，要避免使用會使皂體變色的香料。
3. 對肌膚有高度刺激性的香料要避免使用。
4. 香料於皂中的穩定度。
5. 音階調香法並不適合皂類以及食具洗劑。皂類基底無法表現高、中、低音的層次，其他如洗碗精也僅注重清洗時的香氣，因為香氣若滯留在碗盤上將會影響使用者的飲食。

手工皂調香取材注意事項

一、單方精油

單方精油取材時，請注意以下三點。

1. 多採用氣味強度強的精油：關於氣味強度，請參考本章聞香說味中的氣味強度練習（P.069）。

2. 變色問題：精油或原精不只會使手工皂變色，對於蠟燭或香膏的影響也相同。
   a. 存在於精油中的芳香分子
   檸檬醛、香茅醛（天然存在於山雞椒、檸檬香茅、檸檬尤加利、台灣香茅）成皂，經一段時間後會轉為鵝黃色或深黃色。丁香酚（為丁香花苞、丁香葉、肉桂葉的成分之一）使皂體轉變為粉紅色或暗紅色。香草素（天然存在於香草原精、祕魯香脂、安息香）使皂體轉變為奶茶色或焦糖色。
   b. 天然精油或原精的顏色
   如廣藿香、岩蘭草、德國洋甘菊等顏色明顯及較深的精油

3. 加速皂化：多數精油不會加速皂化，一般導致加速皂化的原因有以下兩個。

a. 精油中的芳香成分

香酚（存在在於丁香花苞精油、肉桂葉）、肉桂醛（存在於肉桂精油）、水楊酸甲酯（存在於冬青）、醇類的芳香分子高濃度（5% 以上）使用下會微加速皂化（如花梨木、天竺葵、芳樟）。

b. 溶劑

使安息香樹脂呈現流動狀的醇類溶劑，大多都會加速皂化。醇類溶劑比例越高的安息香，加速皂化的速度越快，定香效果差。調香用的安息香建議使用 40% 以上樹脂含量的安息香。

二 . 調製為複方香氛後，要注意氣味強度與定香的協調比例

若是整體氣味較不強烈，定香比例 20%~30% 才會達到效果；若是多放些氣味強度強的原料，配方中的定香劑量可以降低（10% ～ 15%），甚至不放也能達到顯香的目的。

香皂調製步驟

香皂調製步驟由娜娜媽提供。

準備材料

Olive
Coconut

橄欖油　170g
椰子油　60g
棕櫚油　60g
米糠油　60g
氫氧化鈉　50g
冰塊　116g
複方香氣　10g~15g

製作香皂步驟

Step 1

將電子秤歸零，以不鏽鋼鍋分別測量配方中的油脂。

Step 2

依照配方，分別測量氫氧化鈉以及冰塊分量。

Step 3

將椰子油和棕櫚油以小火加熱至 45 度（或隔水加熱），融化後加入橄欖油、米糠油備用。

Step 4

將氫氧化鈉分三至四次加入冰塊當中，攪拌至完全融化。

Step 5

當氫氧化鈉溫度與油脂兩者溫度約為 30 度～ 40 度時，將氫氧化鈉溶液緩慢倒入油脂中，並且一邊攪拌。

30°

Step 6

以打蛋器攪拌至美乃滋狀。

Step 7

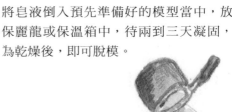

將香氛加到攪拌好的皂液當中，均勻攪拌。

Step 8

將皂液倒入預先準備好的模型當中，放入保麗龍或保溫箱中，待兩到三天凝固，較為乾燥後，即可脫模。

香氛配方

古典玫瑰

濃郁優雅的玫瑰芬芳，伴著溫暖香甜的木質調，
一層層
在肌膚上輕撲上花香，
感受復古香氣中的浪漫時光。

古典玫瑰

調製日期：
賦香率：手工皂 2%

原料名稱	原料濃度	克數／滴數
波本天竺葵精油	100%	4g
玫瑰草精油	100%	1.5g
芳樟精油	100%	2g
安息香精油	50%～70% 安息香樹脂含量	1g
Miaroma 月季玫瑰	100%	1.5g
丁香花苞精油	100%	1d
Miaroma 清新精萃	100%	0.8g

香氛配方

中性馥奇香調

在颯爽的秋風裡，
依稀留有柑橘、薰衣草的蹤跡，
馥郁的層次，交疊著厚實的木香
與沾露綠葉的清新。

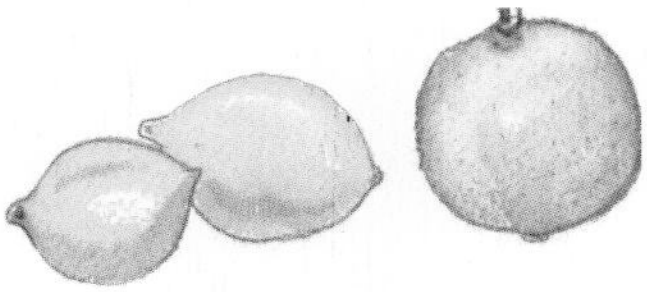

中性馥奇香調

調製日期：
賦香率：CP 是 2% ~ 3%

原料名稱	原料濃度	克數／滴數
甜橙花	100%	3g
（FCF）佛手柑精油	100%	4g
檸檬	100%	1g
波本天竺葵	100%	1g
迷迭香	100%	0.5g
醒目薰衣草	100%	1g
Miaroma 紫戀薰衣草	100%	0.3g
橡木苔原精	100%	0.2g
廣藿香精油	100%	0.2g

香氛配方

靜沐純香

氤氳的蒸氣懸在浴室，盤成一圈又一圈，靜靜地揮散著香味，
寧謐中，只剩下你與芳香的對話，
藉著流動的水帶走今天的沉重，
只留下沐浴後的輕盈朝氣與舒服的柑橘木質香氣。

靜沐純香

調製日期：
賦香率：手工皂 2% ~ 3%

原料名稱	原料濃度	克數／滴數
甜橙	100%	1g
甜橙花	100%	4g
波本天竺葵	100%	0.7g
佛手柑	100%	2g
伊蘭伊蘭	100%	0.6g
廣藿香	100%	0.5g
岩蘭草	100%	0.2g
胡椒薄荷	100%	1g
Miaroma 白香草	100%	0.1g

香氛配方

森林浴

漫步山林，新鮮的空氣，濃郁的柏香，
一路，綠葉濃蔭，香氣隨著潺潺溪水蜿蜒而來。

森林浴

調製日期：
賦香率：手工皂 3%

原料名稱	原料濃度	克數／滴數
真正薰衣草	100%	1g
迷迭香	100%	3g
檜木	100%	4g
杜松漿果	100%	3g
綠薄荷	100%	0.3g
大西洋雪松	100%	2g
安息香	50%～70% 安息香樹脂含量	1g

蠟燭

思君如明燭

「蠟燭」在功能性產品中，常只是家中一隅的擺飾，並不特別受到重視。但對我而言，用蠟燭的體來承載香氣的重量，作為禮物，這份心意不若香水直白，卻顯得情深意切且美。

杜牧一別揚州時作詩贈與小歌女，他寫道「蠟燭有心還惜別，替人垂淚到天明」。多情卻似總無情，蠟燭體態看似笨重溫吞，包裝也不若香水與其他芳香產品華麗，但它的香氣卻是要點燃之後才能聞到，一如煙花點燃後的燦爛，身後化作塵埃，誰又能懂它的溫暖？然而，杜牧與李商隱都藉蠟燭來表達離別傷感與抒發情傷，「思君如明燭，中宵空自煎」。

調香時的創作，並沒有詩人的傷春悲秋，在四季更迭花開花落中寄寓香氣。然而，每每在調製蠟燭香氛的案子時，嗅聞著香氣，看著蠟燭緩緩燃燒所滴下的燭液，還是會令我想到這些詩句中的景象。

蠟燭調香

調製蠟燭香氛時，要注意的有以下三點：1. 基底材質 2. 精油燃點 3. 選用氣味較重而明顯的精油為佳。手工 DIY 蠟燭的基底，一般都是使用天然的蜂蠟或固體油脂，此種基底的燃點通常較市面以石蠟為材質的蠟燭為低，所以可以使用的精油範圍也更廣（如柑橘，但比例仍然要低）。 一般避用萜烯類成分（柑橘或松針類精油），這是因為容易燃燒不完全，易產生火星與黑煙，所以整體配方中若有柑橘或松針類精油，比例宜低（20% 以下）。原料建議選用氣味較重而明顯的精油，如木質類及樹脂類，燃燒時香氣較為明顯。

根據所使用的蠟燭基底不同，蠟燭的賦香率也不一，一般的賦香率為 5% ～ 10%，石蠟的賦香率較差，劑量稍高除容易造成香味析出或蠟燭分層以外，也會造成燭火容易熄滅的問題。倘若要將香味加高至 10% ～ 20%，建議香友還是先取少量測試一番。

基底材質	熔點° C	賦香率建議比例
大豆蠟	45 ～ 52	6% ～ 8%
石蠟	60 ～ 87	1% ～ 3%
蜜蠟	65	1% ～ 3%
棕櫚蠟	59	5% ～ 6%

蠟 燭 調 製 步 驟

蠟燭調製步驟由姍姍媽提供。

a

c

e

Flower

準備材料

a30g 硬大豆蠟、b30g 軟大豆蠟、c 燭芯、
d 盛裝蠟燭的玻璃容器、
e 複方香氛 2.5g~3g (香味濃度約為 5%~6%)
可依照個人喜好調整香氛濃淡
燒杯、攪拌棒、隔水加熱器具

b

d

製作蠟燭步驟

Step 1

將電子秤歸零，秤好所需要的大豆蠟分量。

Step 2

將大豆蠟隔水加熱攪拌至溶化。

Step 3

等待大豆蠟融化。

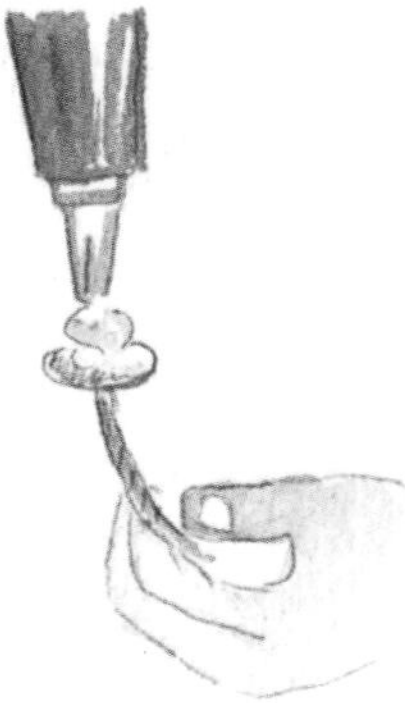

Step 4

修剪燭芯約比燭杯多一公分後，用熱融膠固定燭芯，接著固定在燭杯上。

Step 5

將融化好的蠟液加入複方香氛，並攪拌均勻。

Step 6

倒入預先準備好的燭杯直至八到九分滿。

Step 7

待燭液凝固後，若表面出現凹洞，可以再取少量蠟液重複操作，之後倒入凹洞處，使蠟燭表面平滑。

將蠟燭依照個人喜好裝飾，也可以用紙膠帶加以變化，就是一款實用的香氛蠟燭了。

關於香味選材的部分，**柑橘類精油**（除佛手柑以外）於大豆蠟配方中 < 20%，其他基底 5% ～ 10%。除了柑橘精油以外，像是萜烯類（針葉樹精油富含萜烯）也建議控制在 20% 以內，這兩種類別比例過高都容易導致燃燒時煙塵的產生以及燭煙產生異味。不適合加入蠟燭的還有**凝香體與原精**，燃燒的效果並不好，會造成燭火容易熄滅，使用時比例宜低，或是以花蠟來替代。**溶劑為酒精或醇類的安息香**，內含的醇類溶劑容易造成蠟燭燃燒過快，燭淚過多，DIY 產品自己用可以，但若是要市售量化的產品則會被視為「品質不穩定」。**其他注意的事項**像是香氛素材選用閃火點較蠟燭基底熔點高的，注意原料導致蠟燭變色或染色的問題（此部分與導致手工皂變色的因素相同）。此外，沉澱物較多的原料，像是深褐色狀的祕魯香脂，建議在香氣熟成後取咖啡濾紙過濾，方能避免燭體有黑色點狀物。

精油	閃火點°C	精油	閃火點°C	精油	閃火點°C
真正薰衣草	71	薑	57	廣藿香	>100
羅勒	80	葡萄柚	42	黑胡椒	53
月桂	60	岩蘭草	>100	胡椒薄荷	66
佛手柑	57	杜松漿果	41	苦橙葉	66
芳樟	72	維吉尼亞雪松	>100	澳洲尤加利	47
羅馬洋甘菊	57	橡樹苔原精	91	迷迭香	42
德國洋甘菊	60	西伯利亞冷杉	40	花梨木	75
錫蘭肉桂葉	90	檸檬	46	檀香	>100
岩玫瑰	>100	檸檬香茅	76	綠薄荷	66
台灣香茅	57	蒸餾萊姆精油	50	茶樹	61
快樂鼠尾草	78	紅橘精油	53	伊蘭伊蘭	88
丁香花苞	>100	沒藥	100	白玉蘭葉	75
絲柏	38	橙花	52	大西洋雪松	>100
甜茴香	70	甜橙	46	檜木	45
乳香	42	玫瑰草	92	紅檀雪松	>100
天竺葵	80				

香氛配方

一盞茶香

用一盞茶的時間享受別樣生活，
茶香金黃 ，
盪漾著幽微的白色花香，
啜一口香氣，品味這靜心的時刻。

一盞茶香

調製日期：
賦香率：蠟燭 5% ~ 7%

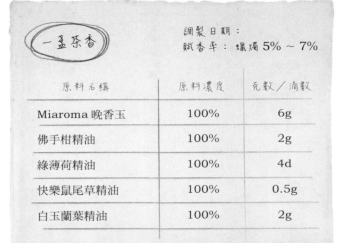

原料名稱	原料濃度	克數／滴數
Miaroma 晚香玉	100%	6g
佛手柑精油	100%	2g
綠薄荷精油	100%	4d
快樂鼠尾草精油	100%	0.5g
白玉蘭葉精油	100%	2g

香氛配方

春之頌

靜聽季節裡每一個音符，
流暢婉轉的高音是萬物甦醒與枝頭萌萌的綠意，
低沉緩滯是泥土上微濕的青苔，
高低起伏的旋律，如風捲起春日的氣息。

春之頌

調製日期：
賦香率：蠟燭 5% ~ 7%

原料名稱	原料濃度	克數／滴數
真正薰衣草精油	100%	2g
大西洋雪松精油	100%	1g
西伯利亞冷杉精油	100%	2g
佛手柑精油	100%	1g
白玉蘭葉精油	100%	2g
伊蘭伊蘭	100%	0.5g
岩蘭草精油	100%	5d
安息香精油	50% ~ 70% 安息香樹脂含量	1g
橡樹苔原精	100%	0.2g
Miaroma 櫻花	100%	0.5g

香氛配方

祕密花園

清爽沁心的微風，
拂過熱鬧的花園，
各色花朵搖曳生姿，
呼吸間，
暗香浮動，清香撲面而來。

祕密花園

調製日期：
賦香率：蠟燭 5% ~ 7%

原料名稱	原料濃度	克數／滴數
伊蘭伊蘭	100%	1g
波本天竺葵	100%	1g
白玉蘭葉	100%	2g
甜橙花	100%	2g
佛手柑	100%	2g
冬青	100%	5d
Miaroma 白香草	100%	1g ~ 2g
岩玫瑰原精	100%	0.5g
薑精油	100%	0.1g

香氛配方

檀

裊裊芳香中，香氣盤旋而上，
濃醇的木質調，滿室生香，
令人覺得溫暖且心安。

檀

調製日期：
賦香率：蠟燭 5% ~ 7%

原料名稱	原料濃度	克數／滴數
維吉尼亞雪松	100%	3g
岩蘭草	100%	1g
芳樟	100%	3g
祕魯香脂	100%	2g
Miaroma 黑香草	100%	1g
紅檀雪松	100%	1g

後記：
香氛記事

在電影《迴光報告》（the Final cut）中，

羅賓威廉斯飾演一名出色的未來剪輯師，

他獨有的天份與經驗，

讓他每一位顧客的「人生記憶」在告別式上的影展都精采了起來。

過去的影像或老舊相片終究是斷簡殘編，

在時光的阡陌裡，誰也無法留下些什麼，

只有那香氣，是一縷線索，將我們帶回記憶裡的某處。

打開一瓶瓶的原料，就像是讀取特殊晶片，

隨著香氣的逸散，播放出人生的記憶片段。

春花、夏荷、秋日、冬雨，

攝影師眼中意欲攫取的畫面，同樣也收攏在調香師的架上。

Spring

春日清明

比起春花、夏荷的清香爛漫，
一蔬一飯間樸實的氣味卻是平淡生活裡的小確幸。

春雨季節剛結束，飽蓄水分的土壤，上頭是青蔥般的鮮嫩綠意。
雨季沉重的氛圍，一掃而空，
空氣裡漫著泥土混合著青草的芳香。
古時立春吃春捲的習俗，傳至閩南後成為清明應節的食品。
「春日春盤細生菜」菜色豐富的春捲，
當然少不了將有著春天綠意的新鮮蔬菜，
一起包覆進去如白紗般的薄皮中。
春捲皮透著楓糖麵麩的甜香，
撒上介於泥土與木質堅果香氣的現磨花生粉，
一捲吃下來，便將整個春天的香氣盡納其中。

夏日冷香飛上飯桌

蛙鳴蟬噪，暑熱令人食不下嚥，不妨以香草入饌。
貪吃美食其次，夏季是享用香氣的季節。

每到端午，咬下一口，糯米的香甜與粽葉的芬芳，滿溢齒頰。
乾粽葉不若新鮮粽葉那般帶著葉醇的清新氣味，
卻憑添秋收稻禾的馥郁。
想換換味道，還有更為應景的荷葉所製成的粽子，
味道不似粽葉的濃稠，卻有著晶瑩剔透的幽微花香。
一般的荷葉是採自蓮花的葉片，大如玉盤的可用於包裹食物。
新鮮或乾燥過後的蓮葉具有清除暑熱、生津止渴的效果。
若是多吃了糯米，積食難消，
蓮子、蓮藕等製成的各式料理都有助於消化。
不妨來碗銀耳蓮子湯，白蠟軟滑的口感伴著甘美爽脆的蓮子，
如清泉般舒爽，洗淨一身的暑氣。

Summer

Fall

秋日落葉

不知道這是第幾個秋天了，
林裡的落葉在陽光下隨著清風翻飛，微風輕拂而過，
空氣中只留下一抹松樹皮的辛香。
枝枒上的松鼠忙著儲存毬果冬藏，
一陣騷動，泥土混著落葉簌簌落了下來。
在林間漫步的你，躲避不及，
倒讓身上沾染了季節的氣味。

多年後，
偶然從架上拿起混合了岩蘭草與乾草原精的香調，
這香氣像一只來自過去的紙箋，
在城市裡的秋天鋪展深深淺淺的記憶，
泥土的濕潤透著禾香，金黃的落葉有暖陽的乾燥，
閉上眼還能聽到那秋天細細的雨絲與流水淙淙。

冬雨蠟梅

濕冷的冬天，氣象報導說鋒面滯留，連日的雨淌過窗櫺，落在民宿外爬滿青藤的院牆上，園裡的樹讓連日的雨洗的清澈翠綠。在雨聲滴答的催眠中，再掩不住舟車勞頓的困倦，梳洗後就在被窩裡沉沉睡去。清晨，窗外鳥叫聲不絕於耳，陽光刺眼。隨便披了件外套，起身想拉起窗簾，那窗外的景象，卻將我的睏意消除殆盡。

打開窗，哪還有雨的蹤跡，一整個大地在陽光下清晰明亮，蜘蛛絲上的雨滴晶瑩剔透的流轉七彩的光芒，空氣中，隱隱有暗香浮動，我循著香氣而去，光禿的枝枒哪還有花呢？正納悶時，一地瑩白的花瓣，錯過了花開滿樹的美景，卻仍趕上這撲鼻的香氛。這雨讓蠟梅的香氣滿山遍地沾染馨香。這般景緻早已讓我忘卻昨日大雨的擾興，為這香氣流連忘返於山間的小屋，也難怪古人曾云：貪作馨香忘卻身。

隨著季節更迭，替換上不同原料，在生活的繁瑣中，不妨以香氣一一將流年細數，逐一記錄。古籍裡所記載的天堂盈滿香氣，而低至塵埃裡的人間，卻因為有了芬芳我們得以在柴米油鹽醬醋茶之餘，詩意的棲居在這片大地。

學習調香，像是打開一本陳舊的集郵本，兒時的回憶、旅途的美景、諸如此類歲月無法複製的當時，都被妥善地收在這一枚枚小巧的紀念郵票當中，遙寄給未來歲月，只待你打開記憶的信封，讓香氣帶你重溫彼時。

附錄：共用表格

以下表格為香水、香膏、蠟燭、手工皂調香的共用表格，
希望大家透過這本書的一系列介紹後（從聞香說味、氣味強度、和弦練習到經典配方），
不僅對於嗅覺記憶變得更敏銳，並且進而試圖創作香氛，
著手**打造專屬於自己的天然香氛吧！**

香氛名稱：冥想　　調製日期：

原料名稱	萃取方式／產地	稀釋濃度	劑量（克數或滴數）	調製日期
甜橙花	蒸餾法	100%	3g	
波本天竺葵	蒸餾法	100%	1g	
甜橙	冷壓法	100%	2g	
伊蘭	蒸餾法	100%	0.4g	
廣藿香	蒸餾法	100%	1g	
岩蘭草	蒸餾法	100%	10d	
薑精油	蒸餾法	100%	10d	
檸檬香茅	蒸餾法	100%	2.4g	
香草原精	溶劑萃取法	100%	2g	

評語

氣味很療癒、沒有廣藿香給人的中藥味或泥土味
P.S. 下次加入丁香花苞或其他花朵類原精再做變化

使用基底以及添加濃度

添加在香膏基底當中，濃度 5%。 添加在植物油中，做成香油使用，濃度 5%
心得：
在香膏中的氣味較為溫潤，如果是植物油的話，香草原精比例可以再高一點。
P.S. 可以試試加入液體皂中，濃度先從 1% 開始好了

原料名稱	萃取方式／產地	稀釋濃度	劑量（克數或滴數）	調製日期

評語	使用基底以及添加濃度

原料名稱	萃取方式／產地	稀釋濃度	劑量（克數或滴數）	調製日期

評語	使用基底以及添加濃度

原料名稱	萃取方式／產地	稀釋濃度	劑量（克數或滴數）	調製日期

評語	使用基底以及添加濃度

原料名稱	萃取方式／產地	稀釋濃度	劑量（克數或滴數）	調製日期

評語	使用基底以及添加濃度

原料名稱	萃取方式／產地	稀釋濃度	劑量（克數或滴數）	調製日期

評語	使用基底以及添加濃度

原料名稱	萃取方式／產地	稀釋濃度	劑量（克數或滴數）	調製日期

評語	使用基底以及添加濃度

原料名稱	萃取方式／產地	稀釋濃度	劑量（克數或滴數）	調製日期

評語	使用基底以及添加濃度

原料名稱	萃取方式／產地	稀釋濃度	劑量（克數或滴數）	調製日期

評語	使用基底以及添加濃度

【手感設計風】2AF109

香氛，時光：專業調香師的天然×經典配方

（適用香水、香膏、手工皂、蠟燭）

作　　者　Aroma
內頁插畫　陳漢娜
責任編輯　鄭悅君
美術編輯　江麗姿
版面構成　江麗姿
封面設計　種籽設計

行銷副理　羅凱頤
總 編 輯　姚蜀芸
社　　長　吳濱伶
發 行 人　何飛鵬

出　　版　電腦人文化／創意市集
發　　行　城邦文化事業股份有限公司
　　　　　歡迎光臨城邦讀書花園
　　　　　網址：www.cite.com.tw

香港發行所　城邦（香港）出版集團有限公司
　　　　　香港灣仔駱克道 193 號東超商業中心 1 樓
　　　　　電話：(852) 25086231
　　　　　傳真：(852) 25789337
　　　　　E-mail：hkcite@biznetvigator.com
馬新發行所　城邦（馬新）出版集團
　　　　　Cite (M) Sdn Bhd
　　　　　41, Jalan Radin Anum, Bandar Baru Sri Petaling, 57000 Kuala Lumpur, Malaysia.
　　　　　電話：(603) 90578822
　　　　　傳真：(603) 90576622
　　　　　E-mail：cite@cite.com.my
展 售 門 市　台北市民生東路二段 141 號 1 樓
製 版 印 刷　凱林彩印股份有限公司
初 版 16 刷　2020(民 109) 年 5 月
I S B N　978-986-6009-67-9
定　　價　320 元

國家圖書館出版品預行編目資料

香氛，時光：專業調香師的天然 × 經典配方（適用香水、香膏、手工皂、蠟燭） / Aroma 著.
-- 初版. -- 臺北市 : 創意市集出版 :, 城邦文化發行, 民 102.5
面; 公分
ISBN 978-986-6009-67-9(平裝)

1. 香料

466.6　　102007028

特別感謝娜娜媽提供本書手工皂與蠟燭的步驟製作教學。

關於娜娜媽：熱愛手作的雙子座，無時無刻都在手作裡打轉，喜歡母乳皂、手工皂、花草、雜貨。

Handmade Soap
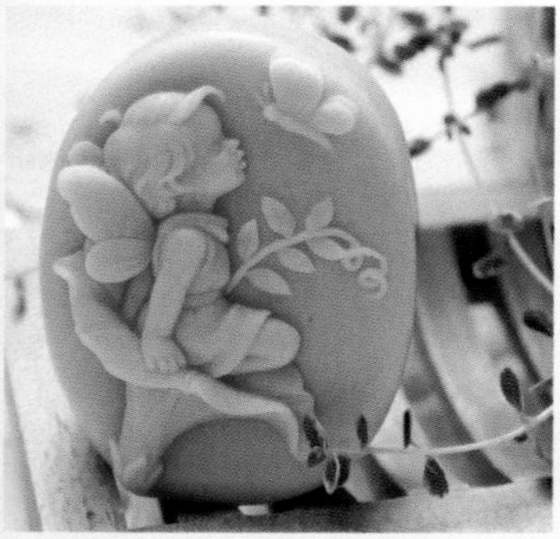

在時光的阡陌裡，誰也無法留下些什麼，
只有那香氣，是一縷線索，將我們帶回記憶裡的某處。